クレーンゲームで学ぶ物理学

小山佳一
Koyama Keiichi

インターナショナル新書 139

はじめに

毎年4月は最もわくわくする季節です。それは、勤務先である鹿児島大学の新入生向け物理の授業で話す、「意識づけトーク」（授業中に行う雑談）を考える季節だからです。新入生に向けて、彼らが今まで習ったことのない物理学の話をするのですが、皆、楽しそうな表情で授業を受けてくれます。物理学を楽しんでいる彼らの表情を思い浮かべながら、「今年の意識づけトークはどうしようかな？」「昨年はこのネタが受けたよな、今年も話そうかな？」「ここは新ネタで行こうかな？」と考えるだけで、私はワクワクするのです。

これまで多くの授業で物理学に関わる様々な意識づけトークをしてきましたが、学生の表情が最も変わり、ガブリと食いつくように話を聞いてくれるのが、クレーンゲームに関わる話題でした。２０１０年に鹿児島大学に着任して以来、私は物理学の授業で幾度となく「クレーンゲームの物理学的見方」を紹介してきました。

最近私は、全学年・全学部の学生向けに行う基礎教育科目自然科学分野の「教養の物理学入門」という授業で、最も多くクレーンゲームに関わる意識づけトークをしています。この授業は、物理が苦手な学生や高校で物理を学んでいない文系学生でも、「身近にある物理現象や機器装置、社会インフラ等について物理的に理解できる」ことを学修目標にしています。クレーンゲームに絡めて言えば、身近にある社会インフラがゲーセン（ゲームセンター／最近ではアミューズメント施設）であり、機器装置がクレーンゲームで、プライズ（景品）ゲットの過程を物理現象として捉える、ということになります。

そもそも物理学は、私たちが存在するこの宇宙の仕組みを解き明かし、そこで得た知識を利用・応用する学問です。実際の生活に使えなければいけない。私が考える物理はそういうものです。物理は、教科書や専門書、学術論文の中で、難しい数学や理論を駆使して進めるだけの学問ではありません。物理は身の回りに起こる現象そのものです。それは子どもの遊びの中にも現れます。生活のいたるところに物理はあり、クレーンゲームでプライズをゲットすることも、物理で説明できます。

私は物理学科の学生の頃に小さなぬいぐるみを取って以来、もう30年以上もクレーンゲームにハマっています。今まで3回ほど大きなマイブームがあり、２０２２年の秋から現在まで、「第3次マイブーム」の真っただ中です。趣味が高じて、クレーンゲームの機器を何とか入手し、手元で分解し、それを大学の授業で使うこともしばしばあります（私の研究室や自宅はゲットしたプライズやUFOメカだらけになっていますが……）。

２００６年頃（ちょうど第2次マイブームの頃）からは、クレーンゲームの「研究ノート」を作り始め、今年で5冊目になります。何かにつけてノートやメモを取るのは、研究者のくせでしょうか。このノートはプライズゲットまでの過程や物理学的な考察、クレーンゲームの仕組みや攻略方法を確認、分析するためのものです。プライズを取ることと同じくらい、ゲームの過程を物理的な思考で読み解いていくことに、私は面白さを感じています。

本書は、これら授業の意識づけトークと研究ノートをもとに、物理学の基本的な要素を解説していくものです。授業の冒頭や合間に挟んでいるトークがベースとなっていますから、気軽な物理学的エッセイとして読んでいただければと思います。これ1冊で物理学を網羅することはできませんが、基礎や入門部分の一端には触れていただけます。本文中には、ゲーセンとプレイヤー（私）との攻防の歴史（思い出）も紹介していますので、物理に苦手意識を持たれている方や物理を学んだことのない方でも、いくらか興味を持って読んでいただけるのではと思っています。

なお、ご注意いただきたいのですが、本書は決して「プライズゲットを有利に進める情報がある本」や「クレーンゲームに勝つ本」ではありません。私のクレーンゲームの腕前も、インターネットやテレビに紹介される人ほどでもありません（私の年齢、フィジカル的衰えも影響大だと思います！）。

ただプライズゲットだけを目的にプレイするのではなく、ほんの少しだけでも物理学の視点を用いて観察することで、クレーンゲームは全く違ったものに見えてきます。（クレーンゲームの）アームでプライズをつかみ、あるいは引っ掛け、落とし口に運び、ゲットする過程までを物理学で考えると、ゲームはより面白くなります。

ありがたいことに、毎年、授業を受けた学生からは「クレーンゲームの解説をもう少しお願いします」「クレーンゲームを見るたびにこの授業を思い出します」「クレーンゲームの物理学的な仕組みを知っていたら自慢できそう」といったコメントをもらいます。個人的な体感でも2020年頃から世間で再びクレーンゲームブームがきているようで、「クレーンゲームと物理学」をテーマに取材を受けたり、高校生向けの模擬授業や他大学の講演で「クレーンゲームと物理学」について話してほしいと依頼される機会が増えました。

読者の皆さん、こうした文系大学生にも高校生にもウケる（眠らずに聞いてくれる）物理の話に興味を持っていただけましたでしょうか。ぜひ、ぜひ第1章にお進みください。

本書内の図表は特に注釈のない限り、
著者の研究ノートに基づいて製図しています。
手書きの図表はすべて著者の手によるものです。
写真はすべて著者提供のものです。

目次

第1章　クレーンゲームの物理的環境

力学の授業は座標から

早速ですが、読者の皆さんは「クレーンゲーム」と聞いて、どのようなものをイメージされますか？　私は**図表1**のように、透明なプラスチック板で囲われた箱の中にぬいぐるみが置かれている様子をイメージします。

箱（クレーンゲーム機）のフィールド上にはぬいぐるみ（プライズ）が置かれており、その箱の天井から2本の腕（アーム）を持つ機械（UFOメカ）がぶら下がっています。クレーンゲーム機には硬貨投入口があり、100円硬貨を数枚投入し、ボタンでUFOメカを動かします。アームでプライズを持ち上げて、落とし口にプライズを落とすことができれば、めでたく「プライズゲット」です。

仮に今、皆さんが友人とゲーセンに行って、**図表1**のようなクレーンゲームをプレイするとしましょう。腕の立つ友人が「気に入ったプライズがあれば取ってあげるよ」と言ってくれています。このとき箱の中のプライズが1個だけならば話は早いのですが、実際には複数個あることがほとんどです。仮に同じような形をしたプライズが多数あった場合、どのようにしてお目当ての（目標となる）プライズを友人に伝えたら良いでしょうか？

「あれあれ！　あれ取って！」と指をさして伝えましょうか。でもうまく指せないかもしれません。「ほら、右から4個目で手前から6個目の、あのプライズを取って！」という具合に友人に伝えましょうか。この方法も、正確に伝わるか難しいです。

こんなとき、**図表1**内の太い矢印線で示したようなx軸とy軸とz軸がゲーム機に付いていれば便利です。「x軸が3、y軸が4、z軸が0のプライズが欲しい」と、確実に友人に伝えることができます。これは「座標」を使った目標の指定方法です。**図表1**のx軸は左右の位置、y軸は奥行き、z軸は上下の位置を示します。

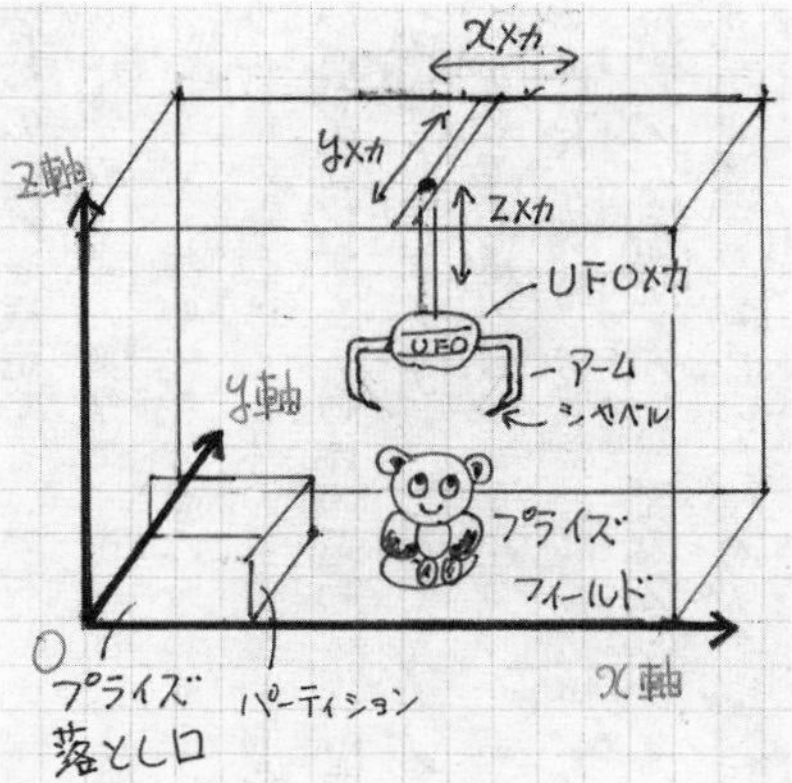

図表1　クレーンゲームの物理的環境

そう、座標はプライズの位置を指定するのにとても便利なのです。どの座標にUFOメカを移動すれば良いかが正確になり、目標とするプライズゲットの可能性が高まると思っています（もちろん、実際のクレーンゲームには、座標は表示されません。そんなにプレイヤーに都合の良いゲーム設定は、されていないんですよね……）。

4月、大学1年生向けの私の授業では、物体の位置を指定する座標の話をします。本書でもまずは座標から始めましょう。これは一部、中学数学の復習になります。

物体の位置を指定する

中学校1年の数学で座標平面（x座標とy座標）を学習しましたが、座標とは位置を表すのに使ういくつかの数の組み合わせです。位置は点で考えます。

物体の運動は、物体の位置を時間の変化で捉えます。力学は、刻一刻と時間とともに空間的位置が変化する、物体の運動を理解する学問の一つです。物体の運動では、どのように座標系（座標を定めるために、原点の位置や軸、軸と軸の角度などを構成した体系全体）を設定するかがとても重要になります。

さて、私たち物理学者は、物体の位置を指定するために座標を使います。私たちがいる空間は3次元空間なので、**図表2**のように互いに直交する（直角に交わる）3本の線、x軸、y軸、z軸を選び、物体の位置を（x, y, z）の3つの数字の組み（座標）で表すのが一番便利で正確だからです。このように選んだ（3つの軸が直交する）座標軸の組み合わせを、直交座標系といいます。3つの軸が交わるところを原点Oとします。この原点はゼロではないです、オーです。

図表2の下段に示した右手のイラストを見ていただくとわかるように、この座標系はx軸の向きに右手の親指の向きを合わせ、y軸の向きに人差し指を合わせたとき、中指の向きがz軸になります。このことから「右手系の直交座標系」とも呼ばれています。

私の授業ではこの先、右手系の直交座標系から、２次元極座標系、３次元極座標系、極座標系と直交座標系の座標変換、ベクトル積（外積）などを学んでいきますが、本書は物理の基礎をご紹介する本ですから、ここまでで留めておきましょう。

さて、座標系について学生に説明するとき、私はちょっとした質問をします。「友人との待合場所や、今いる居場所をどのように指定するの？」「今日、家からこの教室までどのように（変位＝位置を変えて）きたの？」という具合です。これは位置を指定する際の座標のご利益である「**座標は客観的で、誰が指定しても同じでかつ誰もがわかるように示せる**」ことを伝えるためです。**物理では物事を客観的に、誰が行っても同じで誰もがわかるように示す必要があります。**

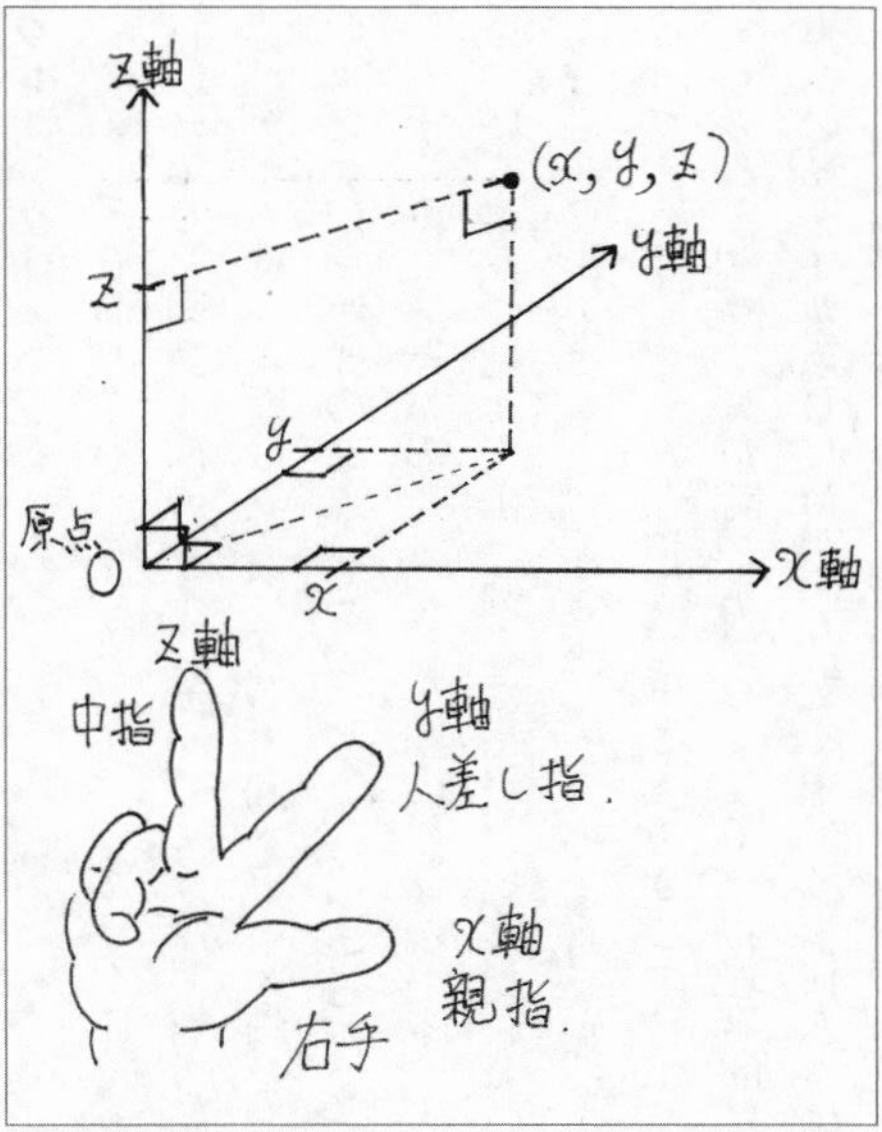

図表2　右手系の直交座標系

クレーンゲームと座標

このような授業を行っている私ですので、ゲーセンでクレーンゲーム機の前に立つと、本章冒頭に示した**図表1**内の3本の矢印のような、右手系直交座標系のイメージが脳内に浮かびます。ゲーム機の正面に立ち、左右方向水平にx軸をとり、奥行き方向にy軸をとり、プライズの落とし口を座標の原点O（x, y, z）＝（0, 0, 0）とする、**右手系の直交座標**です。

右手系直交座標系のイメージを脳内に浮かべる一方で、私の目には、箱の中のプライズが輝いているように見えます。例えば、かわいらしいぬいぐるみが、眩いスポットライトを受けてフィールドの上にちょこんと座って、つぶらな瞳でこちらを見つめている。「お願い、ぜひ、とって！」――、そんな声まで聞こえてきます。

もちろんプライズが話しかけるなんて、物理学的に絶対にありえません。でも私には、ゲーセンのイケイケ系BGMが鳴り響く中でも、他人には聞こえない彼らの声が聞こえるのです。そしてその声に応え、私はポケットから100円玉を取り出し、そっと投入口に入れてしまいます。「あぁ、やってしまった」と思っても、一度投入した100円はもう返ってきません。

気を取り直して、ここでまず私が確認すべきは、つぶらな瞳をしたプライズの位置。仮に座標（x, y, 0）としましょう。次に私が決定すべきは、UFOメカを配置する位置。仮に座標（x1, y1, z1）とします。これはプライズの位置より上方ですね。そして私がやるべきは、①横方向の移動ボタンを押しUFOメカをx軸上にある狙った座標まで移動させ、②奥方向の移動ボタンを押し、メカをy軸上にある狙った座標まで移動させ、③UFOメカが狙った座標に到達したらすぐにボタンから手を離す。これだけです。

ただし①から②の動作に、すぐに移ってはいけません。①の後、UFOメカが十分に静止したのを確認し②の動作に移ります。これを怠るとUFOメカは大きく揺れながら降下してしまい、狙ったプライズの位置（座標）から誤差が生じ、外れてしまう可能性が出てきます。

この静止の時間は私にとって、呼吸を整えて冷静になるための時間でもあります。

——よし、ここまで私のすべき人事は尽くした。あとはUFOメカがz軸に沿って、降りていくのを見守るだけだ（高さ決定ボタンのあるゲーム機もありますが、ここでは割愛）。

UFOメカがプライズの座標（x, y, 0）に向かって、z軸方向に沿ってゆっくりと降りていくプロセスは、**図表3**の①～④のように進みます。

まず、UFOメカの左右のアームがゆっくりとそして大きく、グァーっと開き、UFOメカが「よし、いくぞ！」と叫んでいるような態勢に入ります。両アームを大きく開いたUFOメカは少し揺れながら、着実に降りていきます。その様子はまるで、1969年、NASAのアポロ11号月着陸船「イーグル」が着陸スタンドを開いて、ゆっくりと月面に向かって降りていくかのようです。手に汗握るとはこのことか！　まさに天命を待つ長～い時間、心の中で「お

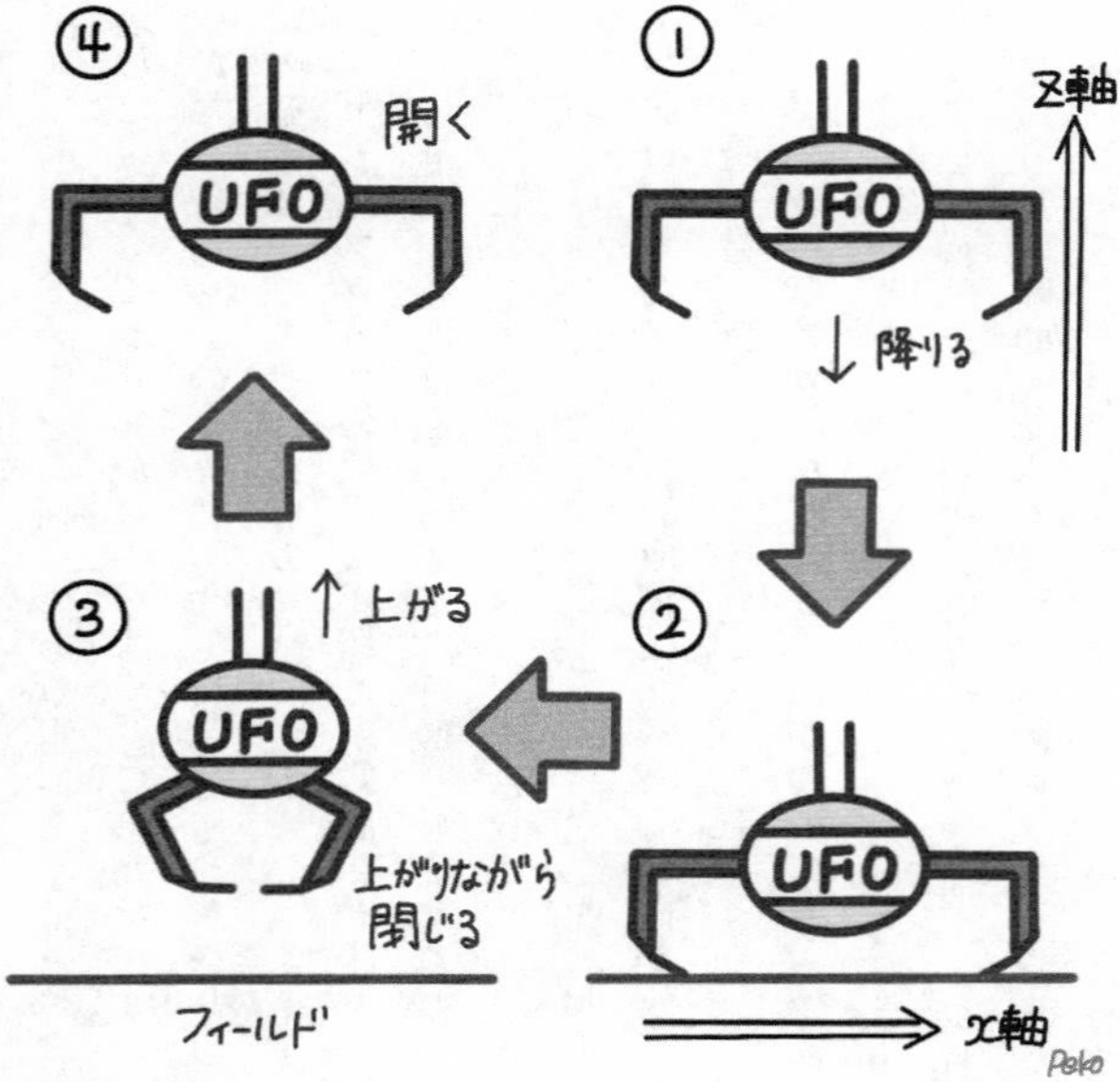

図表3　UFOメカの動き

願い！」と強く念じます。そして運命の時です。結果は、いかに……!?

脳内シミュレーションはこれくらいにして、話をクレーンゲームと座標に戻しましょう。

プライズの真上である座標(x1, y1, z1)に到達したUFOメカはz軸に沿って下降し、やがてフィールドに到着します。ここでうまくいけば、開いた両アームがプライズの両側に配置されます。UFOメカは両アームを閉じながらz軸方向に上昇。うまくいけば、つぶらな瞳のプライズを熱く抱きかかえて上昇します。その後、メカはz軸方向に上昇できる上限である座標（x1, y1, z1）に達し、再び、決められた位置へ。座標（0, 0, 0）であるプライズの落とし口の、真上に向かって移動し、最後に両アームをゆっくりと開きます。

いかがでしょう？　このように**座標で場所を指定できれば、客観的で誰にでもわかるように移動の過程を解説し、それぞれの位置を正確に伝える**ことができますよね。なお本書では、クレーンゲーム機内の位置を示す際に直交座標系を多用します。x軸は左右方向、y軸は奥行き、z軸は上下方向と覚えておいてくださいね。

先ほど「物理では物事を客観的に、誰が行っても同じで誰もがわかるように示す必要がある」と書きましたが、座標はそれを叶えてくれる力学の基本です。そして、クレーンゲームと向き合う際にも使える、便利な考え方でもあります。個人的には、ＵＦＯメカの位置を座標でデジタル表示してくれるゲーム機が出てこないかなぁ、と心から願っているのですが、さすがに無理でしょうか……。

クレーンゲームとばね

時を遡ること今から30年以上も前。１９９１年、私は物理学科の学生でした。当時はクレーンゲームの第1次マイブームでもあり、大学の近くのゲーセンでクレーンゲームをしては、Ｕ

図表4　入手したUFOメカ。プライズは大学生の頃にゲットした1991年製

FOメカの2本のアームがプライズを抱えきれずに落としたときなど「これ、アームが弱いよね」と、取り損ねた言い訳をしていました。

「アームが強い／弱い」という表現は今でもたまに聞きますが、具体的に何が強いのか？　弱いのか？　その原因を、私は2021年まで突き止めていませんでした。本来、物理学者なら、その起源を突き止めるのが仕事なのに。誠にお恥ずかしい。

2021年の夏に何があったのかというと、セガ製のUFOキャッチャー21（1996年頃の製品）のUFOメカ（**図表4**）の入手に成功し、分解する機会を得たのです。実物を分解してみることで、「アームが強い／弱い」の原因を確認することができました。その概略図を**図表5**に示します。

メカを開けた私が最初に感激したのは、そこに1本の「ばね」があったことでした。左右のアームの間に、ばねがある——。つまり「アームの強さ」とは、右アームと左アームを結びつけているばねの強さだったのです。ここで使われていたのは、ぐるぐるとらせん状

（コイル状）に巻かれたばねで、その縮む力がアームの強さになっていました。このような機能のコイル状のばねを「引張コイルばね」と呼びます。プライズをキャッチするアームの強さは、この1本のばねの力（**復元力**）でコントロールされていたのです。コントロールの方法も実に面白い！ **図表5**の（a）図をご覧ください。左右2本のアームとも、アーム上端の1点が支点となり、そこを中心にアームが動くようになっています。プレイせずにUFOメカが初期位置にいるときには、アームは閉じています。

このときアームのシャベルは、重力で水平になるようになっています。

両アームの中間位置には、モーターにつながった小判形の装置（**図表5**〈b〉／一般に「カム」と呼ばれます）

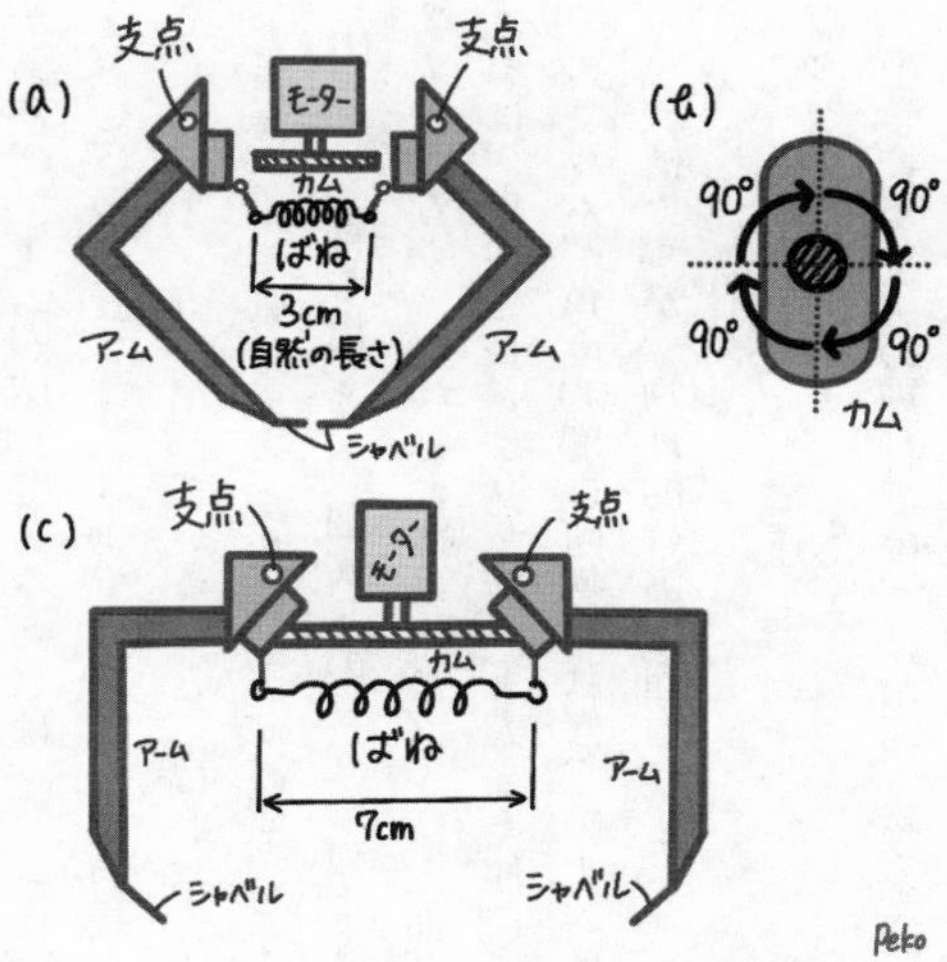

図表5　UFOキャッチャー21のメカに組まれているアームと引張コイルばねの概略図

があり、アームが閉じているときは、カムは両アームに力を与えていません。アームが閉じたときのばねの長さは約3㎝で、ほぼ自然の長さ（伸びも縮みもしていない、ブラブラの状態）でした。アームが閉じているとき、ばねはアームに力を与えていないのです。

モーターが動きカムが角度90度に回転をすると、カムの長手が両アームの支点の下の部分（力点）を押し出して、**図表5**の（c）のようになります。アームがググ〜ッと開き、両アームにつながった「ばね」はググ〜ッと伸びていきます。その伸びの長さは約7㎝。なんとばねは、自然の長さより2倍以上大きく伸びていたのです。

再びカムが角度90度に回転すれば、アームはばねの復元力と重力で閉じていきます。シンプルな機構ですが、物理的に実に面白い！

フックの法則

中学校1年生の理科では、ばねの実験を通じて、「**フックの法則**」を学びました。理科の教科書には、「**ばねののびは、ばねに加わる力の大きさに比例する**」「**ばねが作る力の大きさは、ばねののびで表すことができる**」「**この関係はフックの法則とよばれている**」と説明されています（東京書籍『新しい科学1年』より著者要約）。すなわち、ばねが大きく伸びるほど、その伸びに比例して、ばねは大きな力を生みます。この比例関係の定数（比例係数）を、「ばね定数」

と呼びます。ばね定数は、ばねの太さや材質などに関係しています。

ばねは、自然の長さより伸びているとき、元の自然の長さに戻ろうとする復元力を生み出します。この復元力もその伸びに比例していて、復元力はばね定数とばねの伸びの積になります。つまり、大きく伸びているばねほど、元に戻る力が強いことになります。

ここでUFOメカの話に戻りましょう。

ばねがUFOメカに組み込まれているなら、フックの法則から、クレーンゲーム（少なくとも、私が分解したUFOキャッチャー21）はアームの開きが最大のときに、ばねによるキャッチする（挟む、抱える）力、すなわち復元力も最大になります。

もう少し身近なものを例に出すなら、輪ゴムの両端を両手でつまみ、ぎゅ～っと左右に引っ張っている状態と同じ、ということです。輪ゴムを左右に引っ張れば引っ張るほど（伸ばせば伸ばすほど）大きな力が生まれ、片方の手を離したとき、もう片方にゴムが当たる際の復元力（と手に感じる痛み）が大きくなります。これと、クレーンゲームのアームの強弱の仕組みは似ています。

分解したUFOメカの状態をみると、ばねは交換可能のようです。おそらく、ばね定数の異なるばねを数種類用意して、アームの閉じる力の設定を「大」・「中」・「小」のように変えることができるのでしょう。ばねを用いない（ばねを外して重力のみで開閉させる）設定などを加えて、プライズをキャッチするアームの力の強さを何段階にも変えていたのだろうと、容易に想像ができます。

ばねの復元力を制御する

授業では7月頃に、ばねの振動（単振動）の話をします。フックの法則から単振動の運動を確認し、ニュートンの運動方程式を微分方程式で表して、その答え（解）を求めます。導いた解は、運動を表す式となっています。この導き出し方や考え方に、感動する学生もいます。

本書では、フックの法則を高校の教科書に記載されている式で見ていきましょう。クレーンゲームのアームの閉じる仕組み（ばねの仕組み）が、大学入試センターの試験に出題されていましたので、その解説もしてみます（少々難しいかもしれませんが、もしよければお付き合いください。不安な方は読み飛ばしていただいても結構です）。

図表6に、ばねを使ったフックの法則の式を理解するための模式図を示します。ばね定数（ばねの硬さ）をkとし、ばねの自然の長さからの変位（伸びまたは縮み）をxとしたとき、ばねの復元力Fは変位xの方向と逆向きに発生し、

$$F = -kx$$

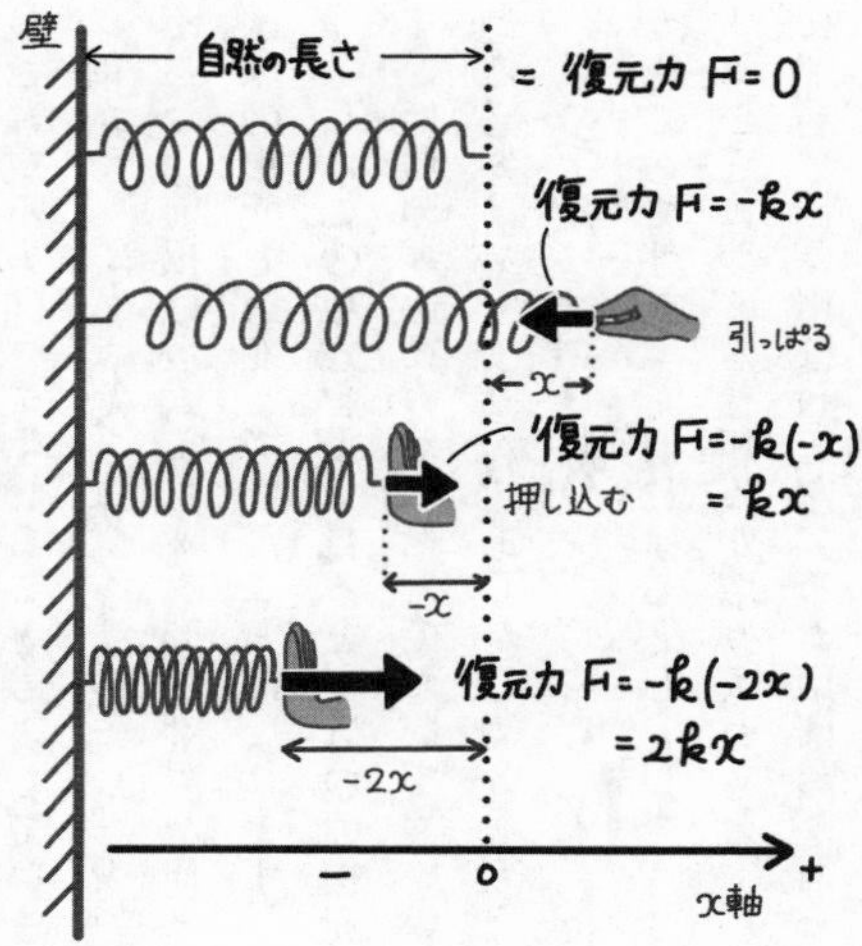

図表6　フックの法則の説明図

と表されます。この式は私たちが経験してきたことを示しています。

つまり復元力Fを大きくするには、xを大きくする（ばねを伸ばす・縮める）か、kを大きくすればいい（硬いばねを使う）、ということです。クレーンゲームで前掲した図表5のような仕組みでばねが使われていた場合、アームが大きく開いたときにアームの力は強くなります。またアームの開きが同じならば、kの大きな（硬い）ばねを用いた場合に、アームの力は強くなります。先ほどご紹介した数式のkの前にマイナスがついているのは、ばねを自然の長さから引っ張ったとき、それとは逆方向（つまり自然の長さに戻る方向）にばねの力が生じることを表しています。逆にばねを縮めたときも、ばねの力はその反対方向（自然の長さに戻る方向）に生じることも表しています。とても便利な式です。

前項で、「ＵＦＯメカのアームを閉じる強さは、ばねを変えることで制御できる」と説明しました。前掲の数式（フックの法則）を使って説明すると、ばね定数ｋの異なるばねを変えて、ばねの復元力を変えていたことになります。

そしてこの数式をよく見ると、ばねの復元力を制御する方法がもう１つあることがわかります。ばねのｘを初めから変えておいてもいいのです。ばねは初期位置で自然の長さ（ｘ＝0）である必要はありません。あらかじめｘを変えておいても、復元力は制御できます。

私の手元には「ＵＦＯキャッチャー７」（稼働年月２００１年11月～／セガＨＰより）の取扱説明書があるのですが、それによるとＵＦＯキャッチャー７には、メカ内のばねの長さを、左右のアームごとに変える仕組みが取り入れられていました。概要を**図表7**に示します。ＵＦＯメカ内に、右アーム用ばねと左アーム用ばねがあって、それぞれの長さ（前掲数式のｘ）を「短い・中くらい・長い」の３通りに変えられる仕組みのようです。

さて「ＵＦＯキャッチャー」はセガ製ですが、私の好きだったクレーンゲームのメカは、タイトー社製の「カプリチオ G-One」でした。２０２４年の今ではほとんど見かけなくなったメカですが、２００６年頃（クレーンゲーム第2次マイブーム）は、このメカが好きでよくプレイしていました。

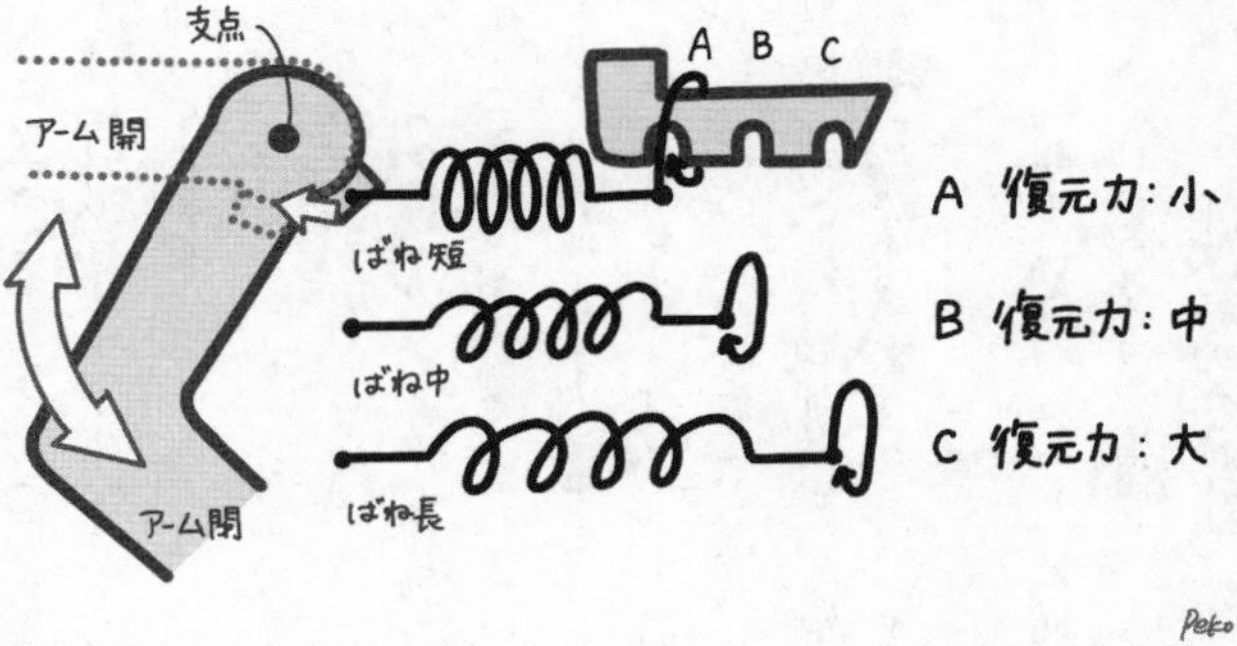

図表7　UFOキャッチャー7の左アームとばねとの関係。著者所有のUFOキャッチャー7取扱説明書を参考に作図

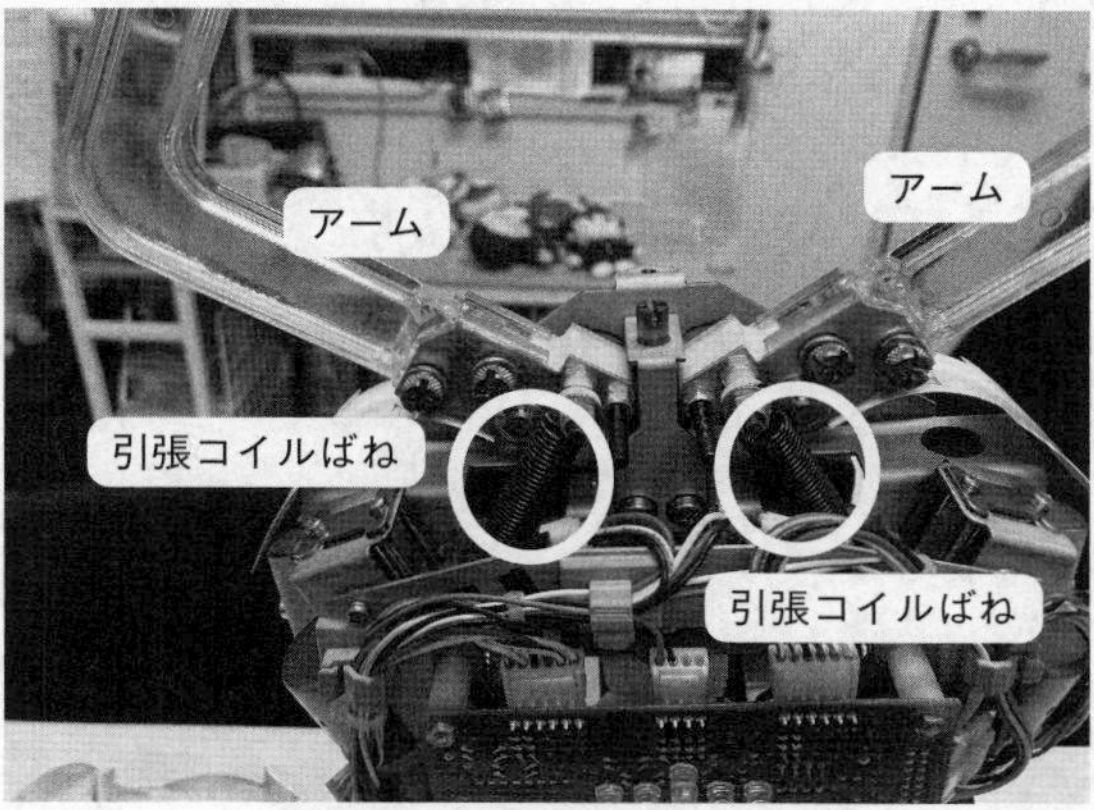

図表8　カプリチオG-OneのUFOメカ内部。引張コイルばねが2本のアームそれぞれに取り付けられている

その「カプリチオ G-One」も手元にあります。このUFOメカを開けてみると、図表8のように、引張コイルばねが2本あり、1本ずつアームに取り付けられていて、モーターでばねの伸びを調整できるようになっていました。ばねの（自然の長さからの）伸びを変えることによって、アームの力を制御していたことが想像されます。

余談ですが、私は2024年2月に、鹿児島市内のショッピングセンターの片隅に1台、ジョイスティック（メカの移動方向をコントロールする棒状のレバー）で動かすタイプのカプリチオ G-One が稼働しているのを発見、感激して14年ぶりにプレイしました。その後も調べたところ、鹿児島市内にはもう2台、ジョイスティック型のカプリチオ G-One が稼働していました（2024年2月時点）。このメカ、もう絶滅危惧種的存在です。

さてこの項の最後に、ばねに関連した問題を紹介します。2015年度の大学入試センター試験（本試験）物理基礎第3問Aは、前掲・図表5のUFOメカのばねの設定と同じでした。類題を私が作題すると、次のようになります。

問1：ばね定数k、自然の長さlのばねの両端を、2つのアームにそれぞれ取り付けてUFOメカを構成し、プライズを挟んだところ、自然の長さからの伸びがxになり、プライズに力が作用した。このとき、ばねの両端に作用する力をFとすると、伸びxを表

す式として正しいものを示せ。（答え：$x = F/k$）

UFOメカの仕組みから、すぐ試験問題を考えてしまうのも、大学教員という職業上の習慣でしょうか。

支点・力点・作用点

前項では、UFOキャッチャー21のUFOメカの中に組み込まれている引張コイルばねの復元力とアームの力について考察してきました。もう少しアームの作りを見てみましょう。

図表5のアームの概略図をもう一度ご覧ください。アームの一端にシャベル（いわゆる爪）が付いていて、他端の近くにアームを動かすための支点があります。ばねからの力を受ける力点は、（図中では省略していますが）支点の付近に存在します。そしてアームが閉じる過程で、シャベルの先がプライズに当たってプライズが移動すると、シャベルの先が作用点になります。「**支点、力点、作用点**」。懐かしいですね。小学校6年の理科で学習しました。

私たちの身の回りには、これと同じように動くものがたくさんあります。復元力がはたらく仕組みがあって、1つの支点を持っていて、一端に力を与えると他端が動き（開閉し）、力を取り除くと復元力によって他端が元の位置に戻る。読者の皆さんは、こんな動きをする身の回

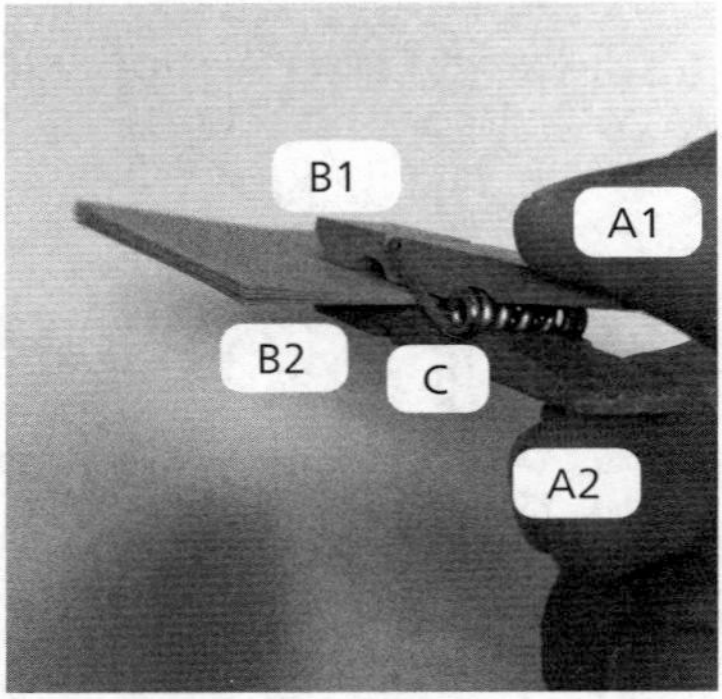

図表9　洗濯バサミとねじりコイルばね

りの便利なものとして、何を思い浮かべますか？

私は、めだまクリップやダブルクリップ、洗濯バサミ、安全ピン、アームグリップ（握力を鍛える器具）、跳び箱の踏み切り板（ロイター板）などを思い浮かべました。どれも復元力がはたらいています。特に、めだまクリップや洗濯バサミの動きは、クレーンゲームのアームの動きによく似ていると思いませんか？

図表9に、指を使って洗濯バサミで紙をつかんでいる様子を示しました。はじめ、洗濯バサミは写真内Ｃにある「ばね」の力で閉じていました。洗濯バサミの一端であるＡ２を人差し指で支え、親指でＡ１に力を入れていくと、Ｃを支点に、洗濯バサミの他端Ｂ１とＢ２が開きます。そのＢ１とＢ２の間に挟みたい物体（洗濯物など）を入れて、Ａ１にかかる力を緩めると、Ｃにあるばねの復元力で物体を挟みます。前述したＵＦＯメカの動きとそっくりです。

図表9で示したようなばねを「ねじりコイルばね」と呼びます。ねじりコイルばねも、その太さや材質、コイルの巻き数などによって、復元力の大きさが異なります。

今も昔も、ばねはUFOメカの要

私の手元には、タイトー社製「カプリチオサイクロン」（稼働：1999年～）の分解品があります。その仕組み（**図表10**）をよくよく見ると、左右2つのアームの支点の周りにそれぞれ、ねじりコイルばねが組み込まれていることがわかります。

1つのアームには太さの異なる3種類のねじりコイルばねがついていますから、両方のアームで6種類（3種類×2セット）です。なにより驚いたのは、メカの後ろにダイヤル棒がついており、これを回すことで左右アームのばねをそれぞれ選択できることです。3種類（ばねなしの状態を入れると片アーム4通り）のアームの強さを、簡単に左右別々に設定できるのです。本当、「うまいことできているなぁ～」と感心しきりです。

ただしプレイヤーとしては、感心していられません。これはつまり、1999年頃からすでに、クレーンゲームのアームの力は（ゲーセン側によって）簡単に調節できる状況だった、ということです。同時期に稼働していた他社製品もきっと同様の状態だったのでしょう。そして20年以上が経過した現在、もっと進化しているはずです。アームの力の設定はおそらく電動化やコンピュータ制御になっているのであろうと想像ができます。

私はセガ社製「UFOドリームキャッチャー」（稼働年月2008年～／セガHPより）のUFOメカも所有しているのですが、中を開けてみると**図表11**のようにむちゃくちゃシンプルなので

図表10　カプリチオサイクロンのUFOメカ。左右アームそれぞれに3種類のねじりコイルばねがある

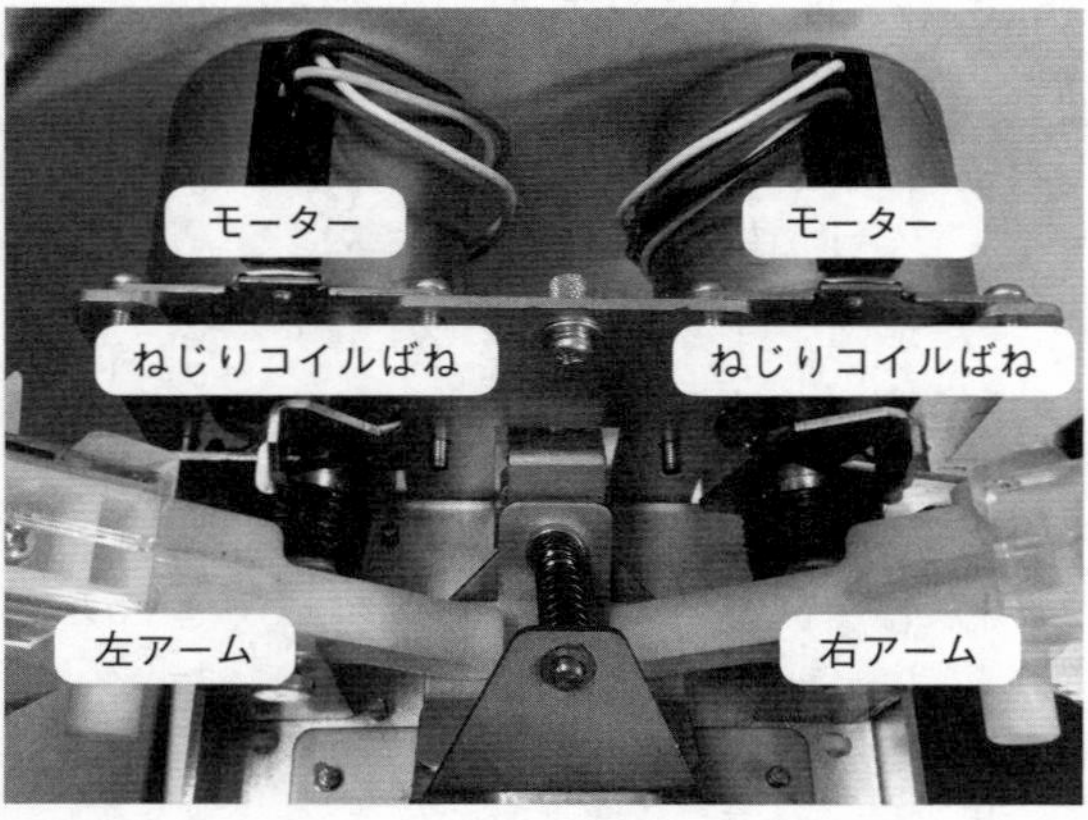

図表11　UFOドリームキャッチャーのUFOメカ。左右アームそれぞれに1つのねじりコイルばねがあり、後ろにそれぞれモーターが設置されている

す。

左右アームそれぞれに1つのねじりコイルばねがあり、その後ろにそれぞれモーターが設置されているだけ。これは「シンプルな作りでも、アームの力をいかようにも制御できるよ」ということなのでしょうか。

かつて3本のばねで制御していた仕組み（図表10）が、何らかの進歩を遂げたのか？ ばね以外の技術も併用されているのか？

それってつまり、プライズをゲットするハードルが上がったということ？

いえ、これはばね以外の物理を用いてクレーンゲームを分析する楽しみが増えた、ということです。クレーンゲームの研究は果てしなく続きます。

第2章　クレーンゲームとアームの物理

「重心」=「重心のある軸」が交わる点

先日、ゲーセンで、高校生くらいのグループがクレーンゲームを楽しんでいる姿を見かけました。彼らは「この景品（プライズ）の〝重心〟位置はここだから……」と話しながらプレイしており、それを聞いた私は心の中で「重心、だよね～」と思わず相槌を打ちました。

また別の日。ゲーセンで複数のクレーンゲームを観察していた私は、あることに気づきました。ほぼ同じ大きさの箱物プライズAとBで、異なる置き方をしているのです。店員さんに理由をたずねると、一方の眉毛をちょこっと上げニヤッと笑いながら「それ、〝重心〟（の違い）ですよ」と教えてくれました。物理のワードを聞いた私は嬉しくなり、「ですよね、そう思いました！　店員さん、もしや理系物理選択ですか？」と話し込みたくなったのですが、その衝動をグッと抑えました。

私が担当している文理系向け授業「教養の物理学入門」では、4月に「重心」の話をします。大学物理の「重心」というと難しく思われるかもしれませんが、冒頭の高校生や店員さんのように、理系だけでなく多くの方が普通に「重心」について話しています。「重心」は身近な物理であって、私たちは生活のいたるところで重心を利用したり、重心の変化に対処しているのです。私の授業では書籍やトレー（お盆）など板状の物を学生に渡し、「これを1本の指で支えて、落ちない位置を教えて」と尋ねます。すると、学生さんたちはうまいこと、指1本で書籍やトレーのバランスをとって支えて、「ここです！」と教えてくれます。その様子を確認し、私は言うのです。「実に素晴らしい！　重心を学ぶ前からすでに、皆さんは物体の重心位置を知っているのだ！」と（正確には重心の真下あたりですね）。

本来、物体の重心はただ1点で、通常、大きさのある物体の中（形状によっては外）にあるため、重心そのものを直接指すことは難しいです。そのため、「重心のある軸」という表現を使い、いくつかの「重心のある軸」が交わる点を、その物体の重心と表現します。

高校物理の「重心」の求め方

次に私の授業では、前章でもたくさん登場したクレーンゲームの「く」の字型をしたアーム部分を1本取り出して見せて、学生たちにこう尋ねます。「では、このアームの重心はどこだと思いますか？」。するとほとんどの学生は、鳩が豆鉄砲を食らったような「ん？」という表情になります。

実はこの質問、結構いじわるなのです。

私は静まり返った教室全体、学生たちの顔をゆっくりと見回した後、まさに「えっへん」と胸を張り、簡単な実験装置を取り出して見せます。そして自分の存在意義を示すかのように、物体の重心の位置の決め方を説明するのです。

図表12に実験の様子を示します。これは高校の物理の教科書に記述されている実験です。重心の位置は、物体を吊すことで求めることができるのです。

図表12－1のように物体の1カ所（点A）に1本の糸を結びつけ、その糸を手で持って物体を吊します。糸が引く力と重力はつり合いますから、重心Gは必ずその糸の延長線上（線分AA'）にあるとわかります。実験では線分AA'がわかるように、5円玉をおもりにした糸も、点Aから吊しています。

次に、図表12－2のように、点Aとは異なる点Bに糸を結びつけ、物体を吊します。ここでも線分BB'がわかるように、点Bからおもりをつけた糸を吊しておきましょう。線分AA'と線分BB'が交わる点を求めれば、これが重心Gとなります。注意すべきは、「重心は必ずしも物体内にあるとは限らない」ということです。例えば、ドーナッツのような円環の重心は、円の中心にあります。

ここで先ほどのいじわるな質問に戻りましょう。「く」の字型のアームの重心は、どこにあるのでしょうか？

図表13－1にあるのはUFOメカ（カプリチオサイクロン）のアームです。糸を結びつけた点Aは、UFOメカにおけるアームの支点、より厳密に言うとアームの開閉を可能にしている軸（回転軸）が通る穴です。この図は図表12－1と同じ考察で、アームの重心Gは線分AA'上

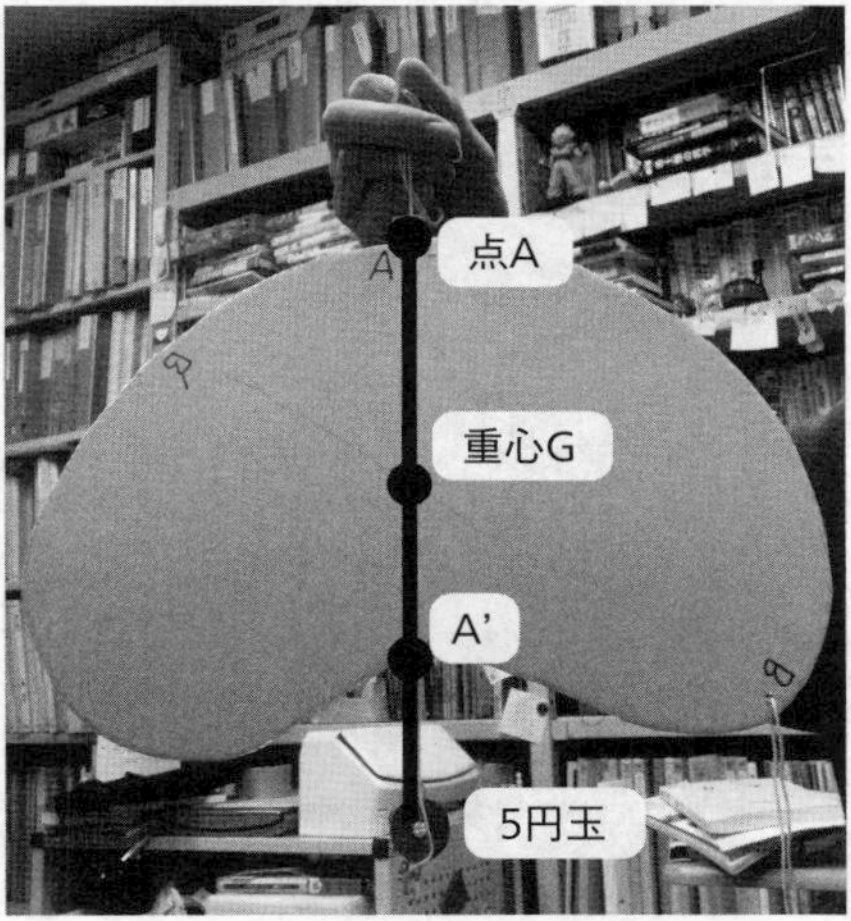

図表12-1　点Aに糸を結びつけ、物体を吊す。線分AA'がわかりやすいよう、点Aからおもり(5円玉)をつけた糸も吊す

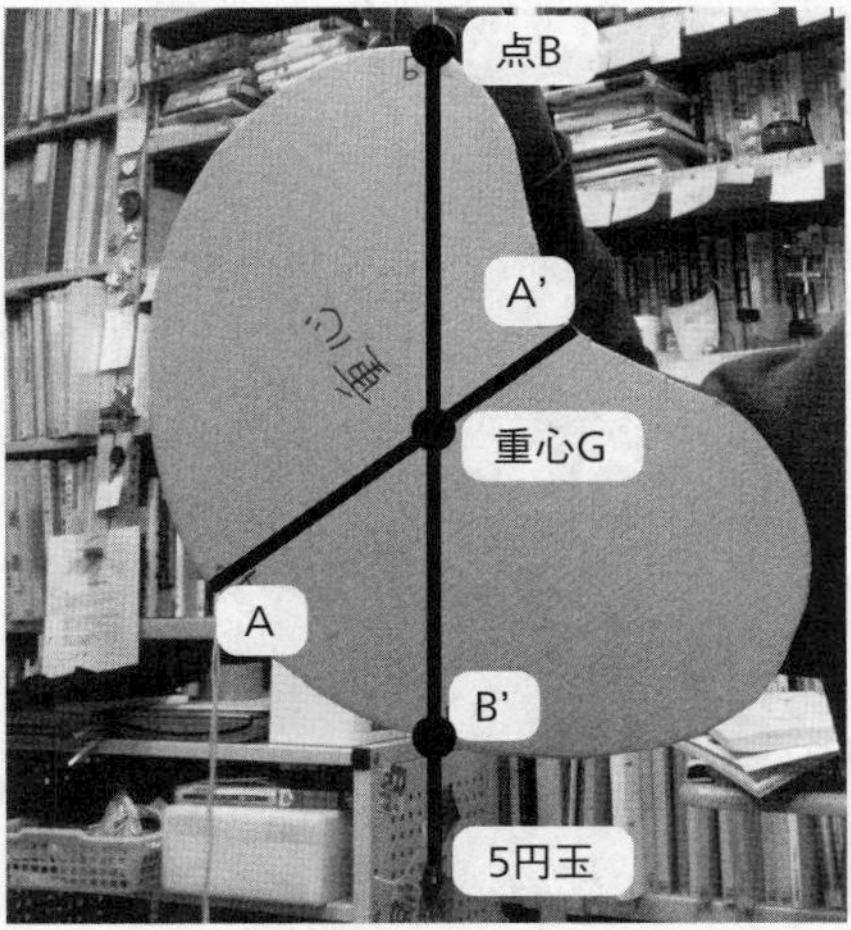

図表12-2　点Bを糸で吊してその下におもり(5円玉)を吊す。線分AA'と線分BB'の交わる位置が重心

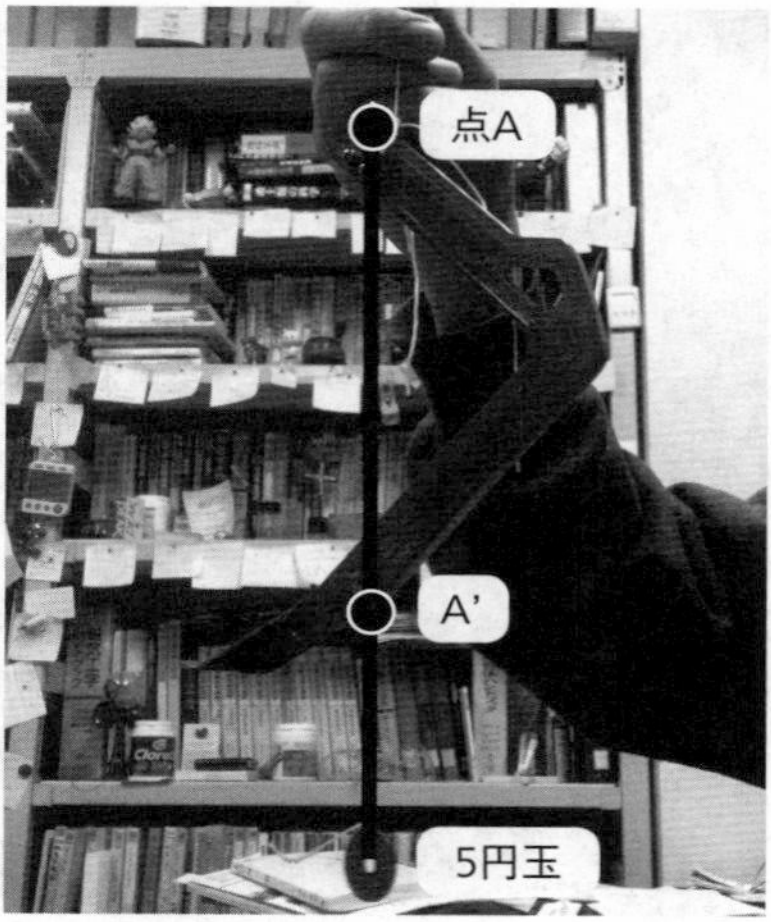

図表13-1　アームの点Aを糸で吊してその下におもり(5円玉)を吊す

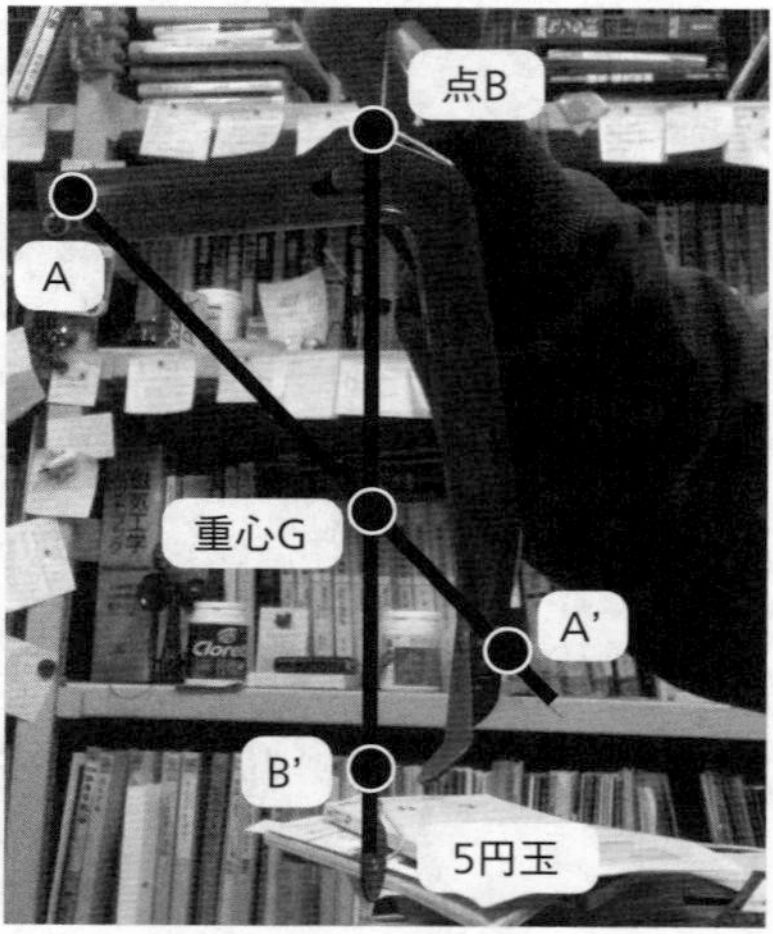

図表13-2　アームのひじ付近(点B)を糸で吊してその下におもり(5円玉)を吊す

にあるとわかります。一方、図表13-2では、アームのひじ付近に糸を結びつけ、点Bとしました。この線分AA'と線分BB'の交わる位置に重心Gがあるのです。

授業で私は、図表13のようにカプリチオサイクロンのアームを2本の糸で吊して見せ、その交わる点を示し「ここがこのアームの重心だよ！」と伝えます。

よりわかりやすいように背景を白地にして、図表13-3で重心を示してみましょう。見てわかるように、アームの重心Gは絶妙な位置にあります。この重心の位置のおかげで、アームは図表13-1のように点Aから吊された状態のとき、（何も力を加えずとも）自然と閉じた形になるのです。これは地球の中心から物体を引っ張る力（重力）によって、アームが閉じている、とも言えます。

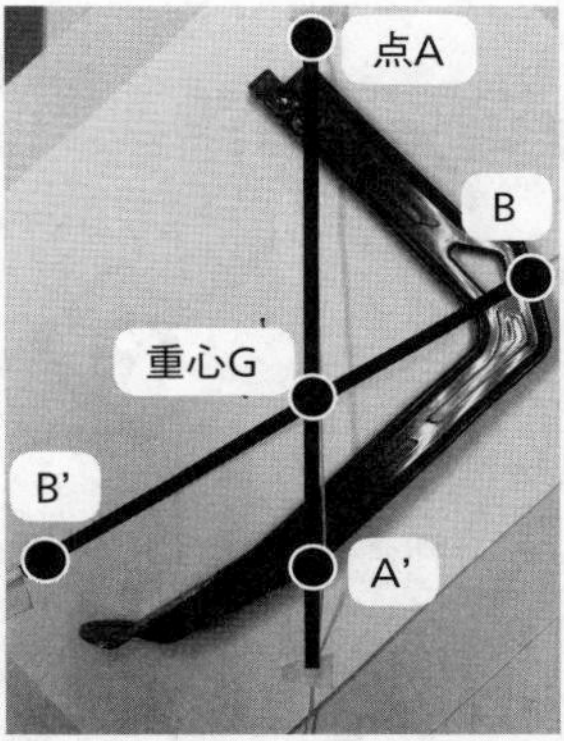

図表13-3　線分AA'と線分BB'の交わる位置に重心Gがある

アームは点A（回転軸）を中心に開き、（第1章で解説したばねの復元力と）重力によって、重心Gが点Aの真下にくるように、閉じる動きをするのですね。

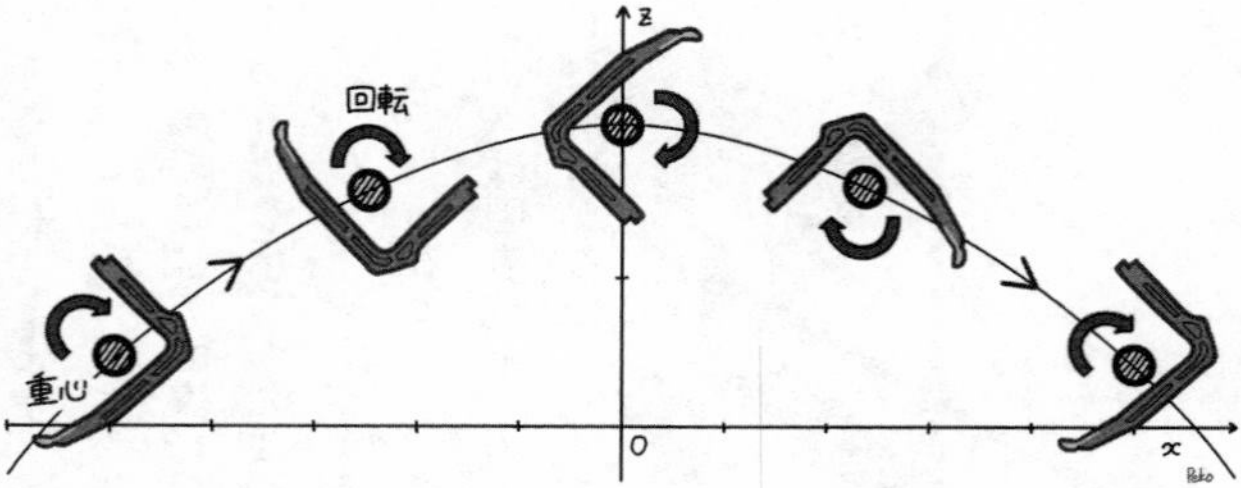

図表14　物体の運動は重心の並進運動（x軸、y軸、z軸）と重心周りの回転運動と見ることができる

物体の運動

さて私の授業ではさらに、物体の運動についても解説していきます。物体の運動は、物体の重心の並進運動（3次元空間のx軸、y軸、z軸方向の運動で、回転を伴わない）と、重心を回転中心にした重心周りの回転運動に分けることができます。この運動を見てもらうためには、アームを回転させながら放り投げるのが一番！

でも、私の大切なカプリチオサイクロンのアームを放り投げることなんか、できません。その代わりに、アームとよく似た形で投げるのに適している……、そう、ブーメランです！

読者の皆さんもイメージしてみてください。ブーメランは、その重心で放物線を描くように、弧を描いて移動しますよね。これは並進運動です。さらにブーメラン単体に注目してみると、重心を中心にしてクルクルと回りながら移動しているはずです。これを重心周りの回転運動と呼びます。もし、**図表**

13-3のアームをうまく放り投げたら、図表14のような動きをすることでしょう。

てこの原理

クレーンゲームのアームが閉じる仕組みについてはすでに解説しました。「重力」と「支点、力点、作用点」が関係していましたよね。この**支点**、**力点**、**作用点**については、小学校6年の理科の時間に学びます。「**てこの原理**」（**てこの仕組み**）という言葉を覚えている方もいらっしゃるのではないでしょうか。ここでは少し、支点、力点、作用点について、復習をしてみましょう。

例えば焼肉店で、片手でトングを持ってお肉を挟む様子を思い浮かべてみてください。トングのどこに支点、力点、作用点があるか、わかりますか？

片手で持ったトングの、手で力を入れるところが力点で、お肉を支えているところが作用点、そして「く」の字型をしたトングの角が支点になります。支点は、ばねの復元力の役割をしているところでもあります。

お気づきかもしれませんが、私たちは、クレーンゲームのUFOメカと同じ仕組みで、トングを使ってお肉を挟んでいます（わからなくても大丈夫です、次項で詳しく解説します）。この仕組みはトングだけでなく、和ばさみやピンセット、爪切りにも共通しています。

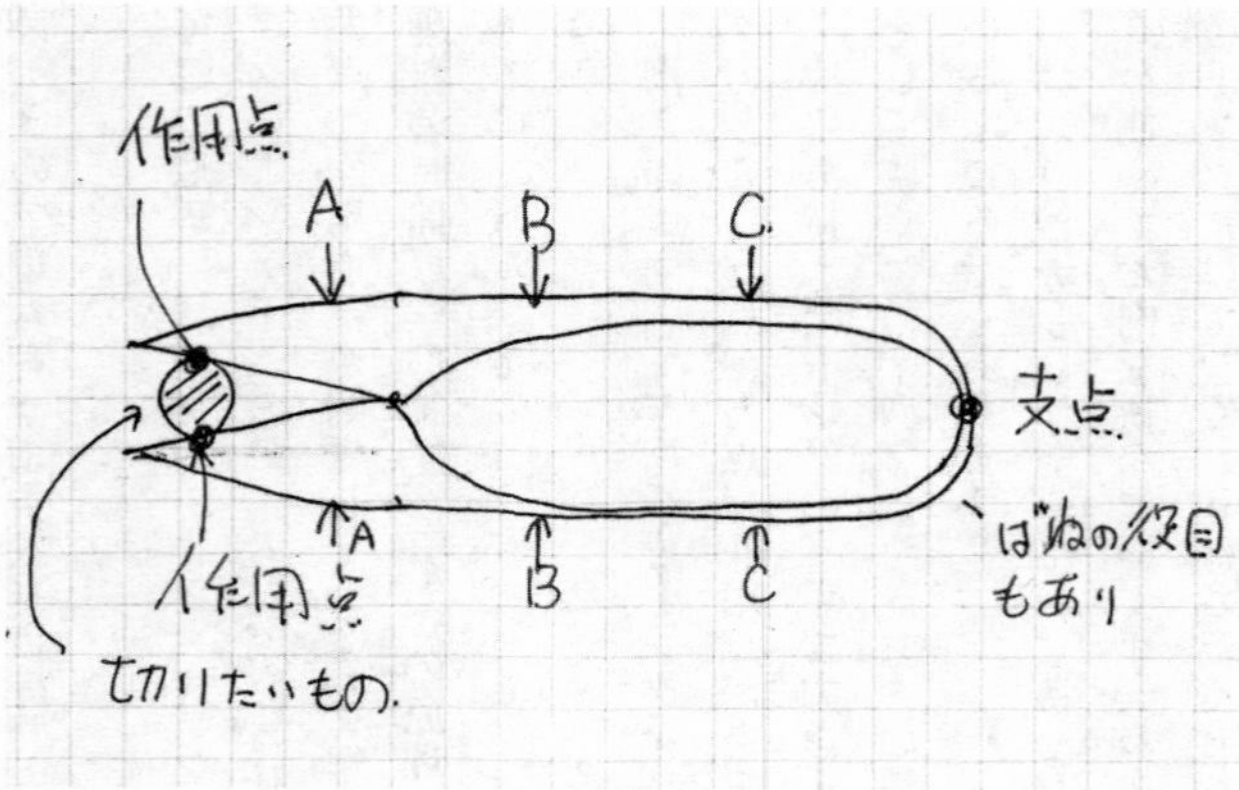

図表15　和ばさみの支点、力点（A, B, C）、作用点

図表15の和ばさみの概略図を見てください。鉄でできた和ばさみを用いて、何か物を切りたいと思いますが、読者の皆さんは図中にあるA、B、Cのどの位置を握って、物を切りますか？

私ならAの位置に親指と人差し指が来るように、和ばさみを握って物を切ります。なぜBやCの位置ではないのか？　それは、Aの位置が一番楽に切れるからです。Aの位置を和ばさみの力点にした方が、BやCの位置のときより楽に、小さい力で物が切れます。ちょっと想像してみてください。Cを力点にして物を切ろうとすると、Aのときよりも大きな力が必要になりますよね。

作用点で何かしら物を動かそうとするとき、「力点にかける力」と、「支点から力点までの距離」が重要になります。作用点で同じ大きさの力を生み出すなら、**支点から力点までの距離が長い**

ほど、力点にかける力は小さくて済むことになります。「(力点での力の大きさ) × (支点と力点との距離)」が重要なのですね。これがてこの原理のポイントです。

てこの原理は高校の物理で「力のモーメント」や「トルク」の概念に発展し、大学の力学の授業でもさらに詳しく学びます。

クレーンゲームを宇宙ステーションに持っていくと?

さて、クレーンゲームの話題に移りましょう。

UFOキャッチャー21のアームの支点、力点、作用点を確認します。**図表16**をご覧ください。アームの支点はアームの回転軸Aです。アームが開くときの力点は、モーターについた小判形の「カム」がアームに開く力を与える、金具位置Bです。なおアームが閉じるときは、ばねの復元力を使いますから、ばねのついている位置Cが力点になります。

さてここで、このUFOメカとプライズを地上から約400km上空にある国際宇宙ステーションに持って行ったと仮定しましょう。物理でよく行う、思考実験というやつです。地上ならアームが閉じる際に重力も影響しますが、宇宙ステーションでは重力は無視できるほど小さいので、アームを閉じる力はばねの復元力のみと考えます。さあ、ばねの力だけでアームを閉じて、プライズを移動させる様子を考えてみましょう。このとき、アームのシャベルの先でプラ

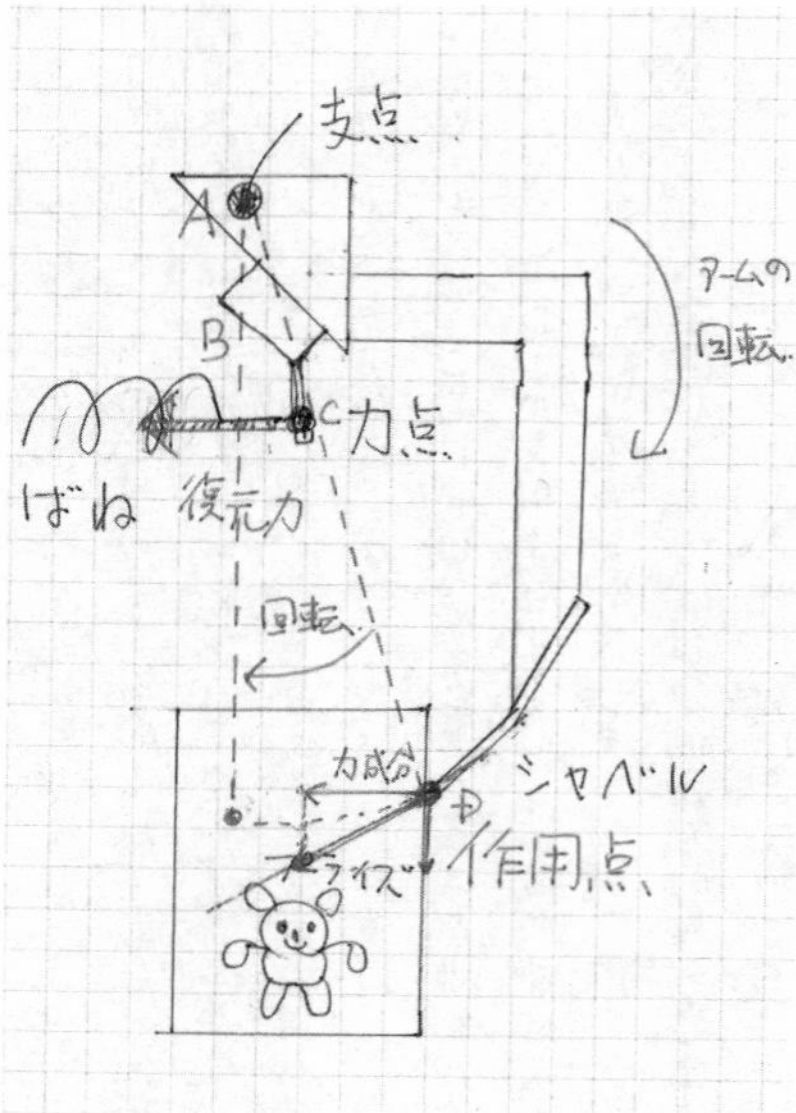

図表16　UFOキャッチャー21のUFOメカの右側概略図

イズに接触しているDが作用点になります。

図表16でわかるように、ばねの復元力が作用する力点Cと支点Aからの距離は、作用点Dと支点Aの距離よりもかなり短いです。前掲した**図表15**の和ばさみでいえば、持つところがCの位置になります。つまり、強いばねの復元力がないと作用点Dで質量の大きなプライズを動かすことは難しそうです。この状況、てこの原理を用いて物理学的に考えてみても「あ〜、アーム、むっちゃ弱いじゃん！」と叫びたくなりますよね。

直面する「アームの自由度1問題」

UFOメカの基本的な動きは、次のパターンとなっています。前章の**図表1**を再掲しますので、あわせて再確認しましょう。

① UFOメカは天井付近にあり、プライズが置いてある透明な箱の中を、x軸方向（左右方向）に動き、次にy軸方向（奥行き方向）に動く

② ①が終わると、アームを開いてz軸方向（上下方向）に下降する

③ フィールドに着いたら（あるいはゲーム設定で適当な高さに来たら）、アームを閉じ、再びz軸方向に沿って上昇する

④ 上昇を終えたUFOメカは落とし口に向かって進み、再びアームを開く

このような、3次元空間上のUFOメカの動きを、力学では**並進運動**と呼びます。**3次元空間のx軸、y軸、z軸方向の成分をもつ運動のことで、回転を伴わない**ものを指します。先ほどのブーメランを投げる実験で、この言葉に少し触れましたね。

クレーンゲームのプレイヤーはプライズゲットのために、UFOメカの「xとyとzを自由に選んでいる」と見ることができます。大学の物理の授業なら、これを「**並進運動の自由度は3**」と、説明します。要は「**3方向に自由に動ける**」という意味です。

さて、プライズをゲットしたいとき、私が気になるのはアームの動きです。通常、アームを

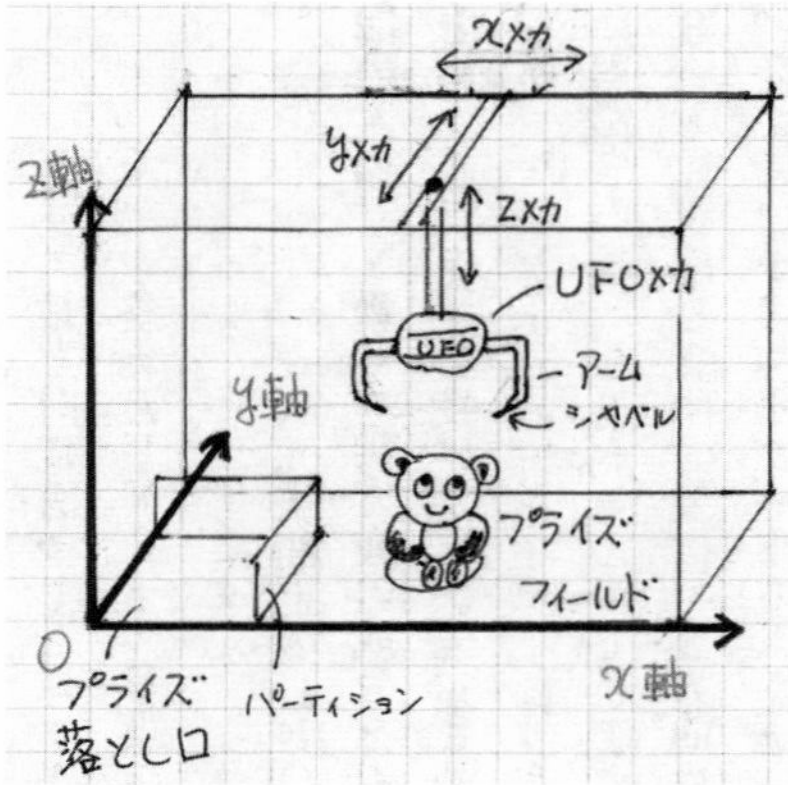

図表１（再掲）　クレーンゲームの物理的環境

使ってどうにかこうにかプライズを動かし、落とし口に落とすわけですが、２本のアームは**図表１**のように、それぞれＵＦＯメカに、支点が回転軸（通常ｙ軸に平行）となる形で取り付けられています。アームの回転運動が１つの軸に固定されている、ということです。

もう、勘の良い読者の皆さんはお気づきでしょう。このアームの運動の自由度は「１」です（より正確に表すと、回転運動の自由度が１です）。ＵＦＯメカがｚ軸方向に下降し最下点に到達したとき、アーム先端にあるシャベルがプライズに与える力は、ほぼｘ軸に平行にしか作用しないのです。それも、右アームは右回り（時計回り）で閉まり、左アームは左回り（反時計回り）で閉まりますから、アームが閉じるときにシャベルがプライズに与える力は、ｘ軸の正（プラス）の向きと負（マイナス）の向きしかありません。フィールド上の任意の位置に置かれたプライズを落とし口まで動かしたいのに、アームのシャベルからプライズに与える力はｘ軸方向の１つの自由度しかないなんて！　私はこれを

「**アームの自由度1問題**」と呼んでいます（物理学っぽいでしょ？）。

クレーンゲームをするとき、私はいつもこの「アームの自由度1問題」に直面し、プライズゲットのため格闘することになります。x軸方向にしか動かないシャベルを使って、落とし口にプライズを動かしていくのですから、大変な作業なのです。

私は「アームの自由度1問題」への物理学的対抗策の検討ポイントは、4つあると考えています。説明を簡単にするために、ここではモデルとして、直方体（すべての面が長方形で、相対する面が平行な六面体）の箱型プライズで考えます。

対抗策を考えるときのポイントは次の4つです。

① 箱型プライズには重心がある
② 箱型プライズのx軸に平行な1辺は、アームが開いた際の左右シャベルの先端を結ぶ距離よりも、短い
③ アームの開閉が主にばねの復元力による場合、大きく開いた方が閉じる力が強い
④ アームが閉じた後、UFOメカはz軸にほぼ平行に上昇する

いかにしてアームの自由度1という難問に対抗するのか、次項で詳しく見ていきましょう。

「アームの自由度1問題」の物理学的対抗策

前項でモデルと設定した箱型プライズが、**図表17**（a）のように、その2辺とx軸y軸が平行になるようにして置かれていたとします。この箱型プライズの側面にあるCまたはDに、右アームのシャベルで力F_1またはF_2を作用させる場合を考えます。作用させる力F_1やF_2はx軸に平行です（アームの自由度は1、ですね）。

このとき、プライズに力を及ぼす点（CまたはD）が「作用点」になります。**図表17**（b）は**図表17**（a）を真上から見たときの図です。この図中にある、作用点を通り力の向きに引かれた直線を「作用線」といいます。作用点CまたはDを通る作用線はx軸と平行になります。

クレーンゲームでは、プライズの重心と、アームで力を与える位置（作用点）及び作用線によって、プライズの運動（動き方や動く向きなど）が変わります。

これについて、考えていきましょう。

直方体の箱型プライズがクレーンゲーム機のフィールド上に、**図表17**（a）のように倒されて置かれたときの運動を考えます。これは思考実験ですから、好きなキャラクターが入った箱型プライズをイメージしましょう（私は、『新世紀エヴァンゲリオン』に登場する白いスーツをきた綾波レイが入っている箱型プライズにします）。フィールドの原点Oを越えた先に落とし口があるとし、プライズが動き出すときにフィールドとプライズの間にはたらく摩擦力は「適度に小さい」と設定しましょう。思考実験の設定は自由ですね。

ちなみに、この摩擦力の設定をゼロにすると、プライズは一度動き出したら壁などに当たるまで動き続けてしまいます。これはニュートンの「慣性の法則」です。運動の第1法則ともいいます。反対にプライズとフィールドの間にはたらく摩擦力を「強め」にすると、プライズは

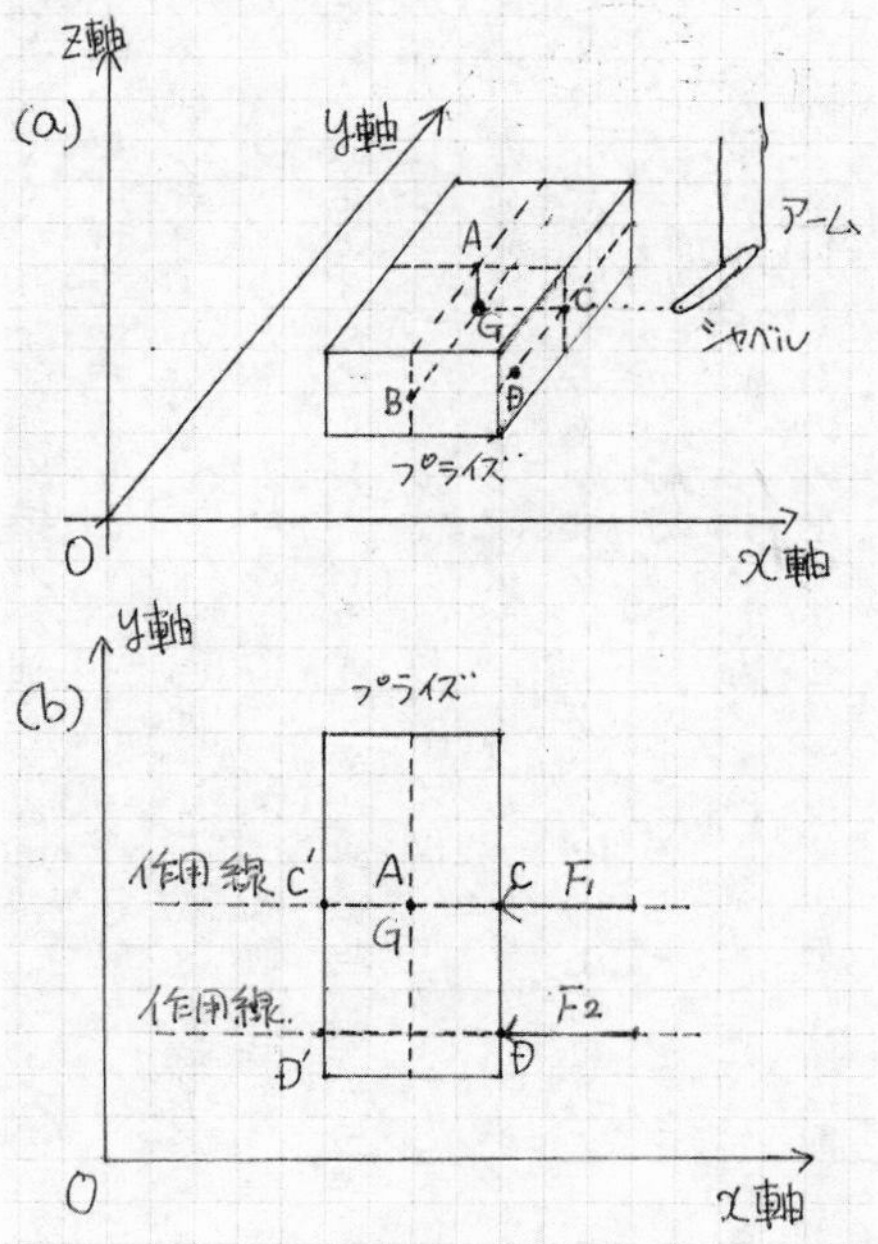

図表17　プライズの重心Gと外力F_1とF_2を作用させる位置。力F_1とF_2のそれぞれの作用点CとD。作用点を通り、力の向きに引いた破線が作用線

動きにくくなります。摩擦力が強すぎる場合、アームの力を使ってプライズを動かそうとしても動かない可能性があります。

今回のフィールドとプライズの間にはたらく摩擦力が「適度に小さい」というのは、「アームでプライズに力を与えたときにプライズは動き出すが、摩擦力でその運動がいずれ止まる」という設定です。さらに、プライズの中身は均質で、プライズの重心は、箱の中央Gの位置にあるとします。「そんな均質な綾波レイはいやだ～」と言いたいですが、とりあえずここは物理の思考実験ですから、設定をシンプルにします。

では、想像してみましょう！　プライズの上方にあるＵＦＯメカはアームを開き、今まさに、プライズに向かってz軸方向に降りていこうとしています。ＵＦＯメカは、プライズよりも左側（x軸の負の方向）にわざと寄せています。これは、わざとメカを左に寄せることでプライズに接する右アームの力を効かせ、プライズを左側に押すように動かす作戦です。

想像するだけでドキドキして「はい血圧１３０突破！」と言われるぐらい、私にとっては緊張の瞬間ですが、ここで重要なのは血圧ではなく、ボタン操作で決めるＵＦＯメカのy軸方向の位置です。簡単に言うと、「右アームのシャベルを、箱の側面のどこに当てるか」です。

なにせアームの自由度は1で、アームのシャベルはx軸方向にしか力を及ぼさないのです。なんて低い自由度……。かつてはそう思っておりましたが、物理学の視点でよく考えると、対抗策はあるのです。

前項で挙げた「物理学的対抗策のポイント」を思い出してください。箱型プライズは中心に重心があります。そして前述したように、プライズの重心とアームで力を与える位置（作用点）及び作用線によって、プライズの運動（動き方や動く向きなど）は変わるのです！

例えば**図表17**（b）内のプライズ側面Cにシャベルを当てて、アームの閉じる力（F_1）をプライズに作用させます。このとき作用線（図中C-C'破線）はプライズの重心Gを通っていました。さて、プライズはどのような動きをするでしょう？

読者の皆さんはもう予想がついていると思います。そう、プライズは、長辺をy軸に平行に保ったまま、x軸の負の方向に平行移動すると予想できます。

次に、アームのシャベルを**図表17**（b）内にある作用点Dに当てて、力F_2をプライズに作用させたとします。F_2の大きさはF_1と同じとします。その作用線（図中D-D'破線）はプライズの重心Gから外れています。この場合のプライズの動きはどうでしょうか？

そうです、z軸方向から見て右回り（時計回り）の回転運動が加わりますね。

「物体の運動」の項目でブーメランを投げる実験とともに解説しましたが、大きさのある物体の運動は、重心の並進運動と重心周りの回転運動から成り立っていました。アームでプライズに与える力は同じでも、並進運動に使われる力の成分と回転運動に使われる成分の違いで、プライズの動きは異なってくるのです。

さらに、プレイヤーにとって都合の良いことに、ほとんどのアームは「く」の字型です。アームの先についているシャベルの厚さは薄いので、フィールドやプライズの状況によっては、プライズとフィールドの間にシャベルが入ることもあります。よってプライズ設定の条件が良ければ、アームが閉じた後、UFOメカがz軸方向に上昇するとき、z軸方向やy軸方向の力を作用させることもできそうです。アームのシャベルはx軸方向にしか動きませんが、プライズの重心位置と作用線の関係で、プライズはx軸周り、y軸周り、z軸周りの3方向に動くことが考えられます（回転の自由度3）。要はプライズの向きがフィールド上で変わったり、プライズが転がったり、転倒したりする状況が考えられる、ということです。

これらを考慮すれば、モデルの箱型プライズの運動は並進運動（自由度3）＋回転運動（自由度3）で、自由度6となります。プライズがぬいぐるみであっても、プライズの運動の自由度は6です。アームの回転運動の自由度が1であっても、物理学的に考えていけばプライズの運動自体の自由度は上がるわけですね。

ただし、これらはあくまで思考実験であり、実際にはそう簡単に行きません。

通常、プレイヤーは、プライズの重心の位置やプライズとフィールドの摩擦力、アームの力Fの大きさなどの情報を事前に知ることができません。何度もプレイして少しずつ探っていく感じでしょうか。それだって、ゲーセン側の判断で設定を変更されてしまえば、また最初からやりなおしです。

思考実験のように、毎回同じ条件下でプレイできることも、そうありません。実際には、UFOメカに入っている歯車の遊びやUFOメカの振動ゆれ、プライズが箱の中で動くことによる重心の移動など、様々な不確定要素が加わってきます。

つまり我々プレイヤーは、圧倒的に不利な状況でプレイしているわけですね。私が30年以上かけて書籍を1冊書けるくらいの物理を駆使しても、なかなかプライズが取れないのも、仕方ないことなのです。

ガリレオの「振り子」はクレーンゲームの「揺れ」

クレーンゲームはプレイヤー（私）に圧倒的に不利で、仮にボタン操作が完璧でも、UFOメカの「振動ゆれ」などの不確定要素が多数あると書きました。

メカの揺れ方は、観察してみると結構、面白いものです。私はクレーンゲームがうまい人のプレイを眺めながら、メカの揺れ方をじっと観察し「面白いなぁ」と心の中でつぶやいています。「なぜ他人のプレイで？」と思われるかもしれませんが、自分がプレイしているときには、UFOメカの揺れを物理的に観察するほど、心に余裕がないのです。他の方のプレイは余裕を持って見ていられますから、色々と気づくことがあります。その一つがメカの揺れで、フィールド付近にいるときのアームの揺れはゆっくりで、上昇するに従い速くなっているように見えるのです。

授業でも「**振動**」について説明します。振動は面白い現象で、利用価値の高い物理現象です。私たちの身の回りで、多くの振動現象が起こっています。

振り子の振動現象について、小学校5年生の理科で「**振り子が1往復する時間は、おもりの重さなどによっては変わらないが、振り子の長さによって変わる**」と、学習します。読者の皆さん、覚えていますか？　これが、ガリレオ・ガリレイが教会のシャンデリアの揺れを観察して発見したといわれている「**振り子の法則**」（**振り子の等時性**）です。

シャンデリアではないのですが、**図表18**の（a）や（c）のような、3本アームのクレーンゲーム機を、時折ゲーセンで見かけます。細い3つの金属製アームを持つメカ（この本では、「コイルメカ」と呼びましょう。理由はこの本の後半に判明します）で、天井にある箱型の機械（UFOメカやコイルメカを巻き上げる装置）（**図表18内**〈a〉の巻き上げメカ）から「ひも」でぶら下がっているタイプです。

この3本アームのコイルメカはひもでぶら下がっているだけなので、メカがフィールド上に到着したとき、降下前の中心軸からメカがずれて、傾いた状態になる場合があります。この状態でコイルメカを引き上げると、ガリレオ・ガリレイが教会で見たシャンデリアのように、メカが揺れる場合があります。この揺れの1往復する時間（周期）Tが、ひもの長さLに関係しているのです。これが、ガリレオの発見です。Tは3本アームのコイルメカやプライズの重さ（質量）Mに関係しないのです。

ここで**図表18**（a）や（c）の状態をものすごく簡略化して考えてみましょう。コイルメカ

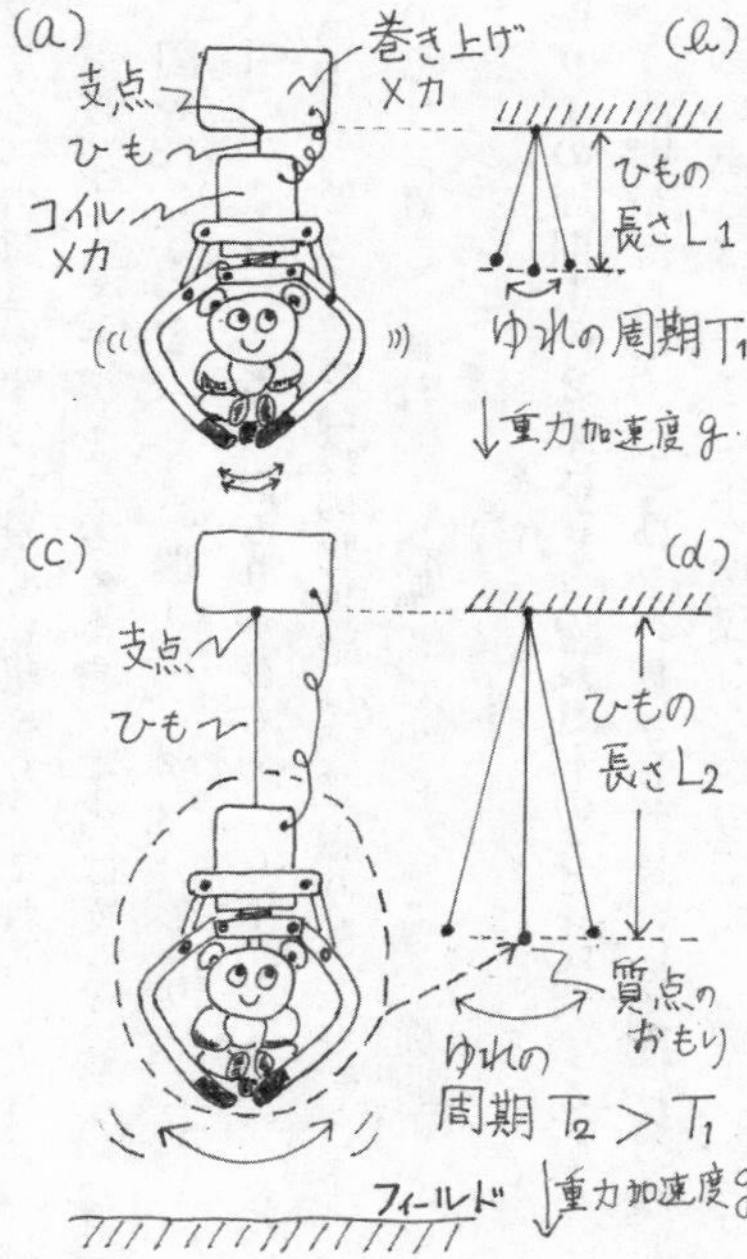

図表18　3本アームのメカとそれに相当する振り子の模式図

とプライズの重さがすべて重心に集まり、これらの大きさを無視できる（物理の世界では「質点」と呼びます）モデルと考えます。本当はできませんが、無理矢理そう見てください。つまり、**図表18**（a）を（b）のように一塊の〝おもり〟と〝軽いひも〟として考え、**同図表**（c）を（d）のように小さなおもりがひもでぶら下がっている状態として捉える、ということです（このようなモデルを高校の物理では「単振り子」と呼びます）。

（b）や（d）の揺れ幅（振幅）が小さいとき、周期Tと、支点から質点までの「ひもの長さ」をLとすると、

「振り子の周期Tの2乗はひもの長さLのみに比例する」

という法則が得られます。ひもの長さLが長いほど揺れの周期Tは長くなり、コイルメカやプライズの重さは、そこに全く関係しないのです。

「フィールド付近にいるコイルメカの揺れはゆっくりで、上昇するに従い速くなる」と先ほど書きましたが、ゲーム機天井にある巻き上げメカに到着すると、L＝0となるので、揺れは止まるはずですね。

「止まるのは、空気抵抗の影響では？」と思う方がいるかもしれませんが、空気抵抗の影響は普通、揺れ幅の大きさが変化するだけで、揺れの周期には関係しません（このような振動を物理では「減衰振動」と呼びます）。

最近のクレーンゲームはメカを引き上げる速さが速いので、コイルメカの周期の変化を観察することは難しいかもしれません。でも、もし、読者の皆さんがひもに吊り下げられているタイプのクレーンゲームを見かけたら、その揺れを観察してみてください。ガリレオ・ガリレイの気分が味わえるかもしれません。「それでも、アームは揺れている！」と、そっと心の中で叫びながら……。

上級編：クレーンゲーム機を月に持っていくと？

単振り子（専門的には、「調和振動子」）の周期をT、糸の長さ（質量が無視できるほど細い糸）をLとすると、

$$T = 2\pi\sqrt{\frac{L}{g}}$$

と、高校の物理の教科書に記載されています。ここで、gは重力加速度と呼ばれる定数で、地上付近では、$g = 9.8\,\mathrm{m/s^2}$とほぼ一定です。

前掲の式の両辺を2乗すると、

$$T^2 = aL,\quad a = \frac{4\pi^2}{g}\ (=\text{定数})$$

となり、「振り子の周期Tの2乗はひもの長さLのみに比例する」となります。

この式を見て私が思うのは、先のクレーンゲームを「月に持って行ったら?」というものです。ゲームをすると、月上でのメカの揺れの周期は、地球上の揺れの周期より長くなるのです。それは月上の重力加速度は地上のそれより小さく、約6分の1の大きさになるからです。面白いですね。

第3章　クレーンゲームの摩擦力

力の合成と分解

突然ですが、読者の皆さん！　小学校時代を思い出して、次の思考実験をしてみましょう。舞台は小学校の掃除の時間。水拭きモップで床を拭くため、必要な水をバケツに汲んで、教室まで運ぶことになりました（という設定です）。バケツには10ℓの水が入っているとしましょう。重さ（正確には質量）にして10kgの水です。２ℓ入りペットボトルで5本分。このバケツに入った水を小学校の児童が、手で持ち上げて教室まで運ぶというミッションです。なおバケツの重さは無視できるほど小さいとします。

バケツを片手で（体の真横の位置で）持って1人で運ぼうとすると、**図表19－1**内（a）にあるAさんのような姿勢になります。10kgの水に作用している重力が、すべて右手にかかっています。

今、Aさんはバケツを右手で持ち上げ、床から10㎝の位置で、持ち続けている（静止している）とします。このとき、右手で握っているバケツの持ち手付近を、作用点とします。右手に作用する10kg重（重は重力の意味で付けています）の重力（力F_1）は、鉛直下向き（図中の矢印F_1の向き）に作用しています。Aさんの右手がバケツを持ち上げる力の大きさは10kg重で、向きは鉛直上向き（図中の矢印F_2の向き）です。これらF_1とF_2の力は、大きさが同じで向きが反対なので、「F_1とF_2の力がつり合って、バケツは床から10㎝の位置で静止している」と言え

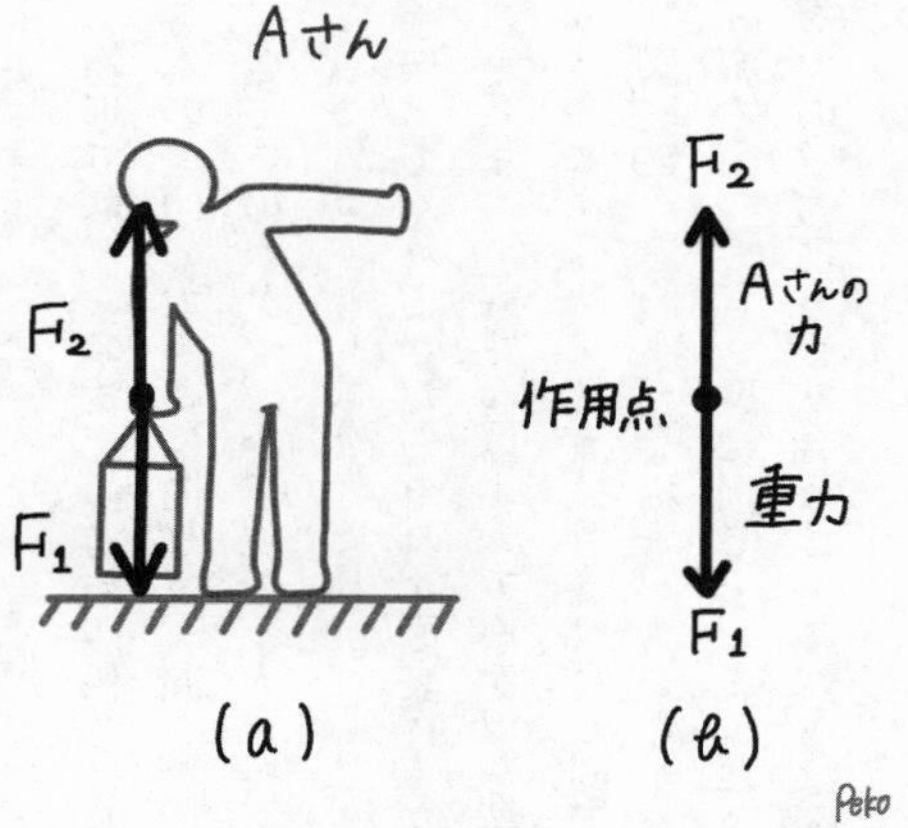

図表19-1　1人でバケツを持っているときの力のつり合い

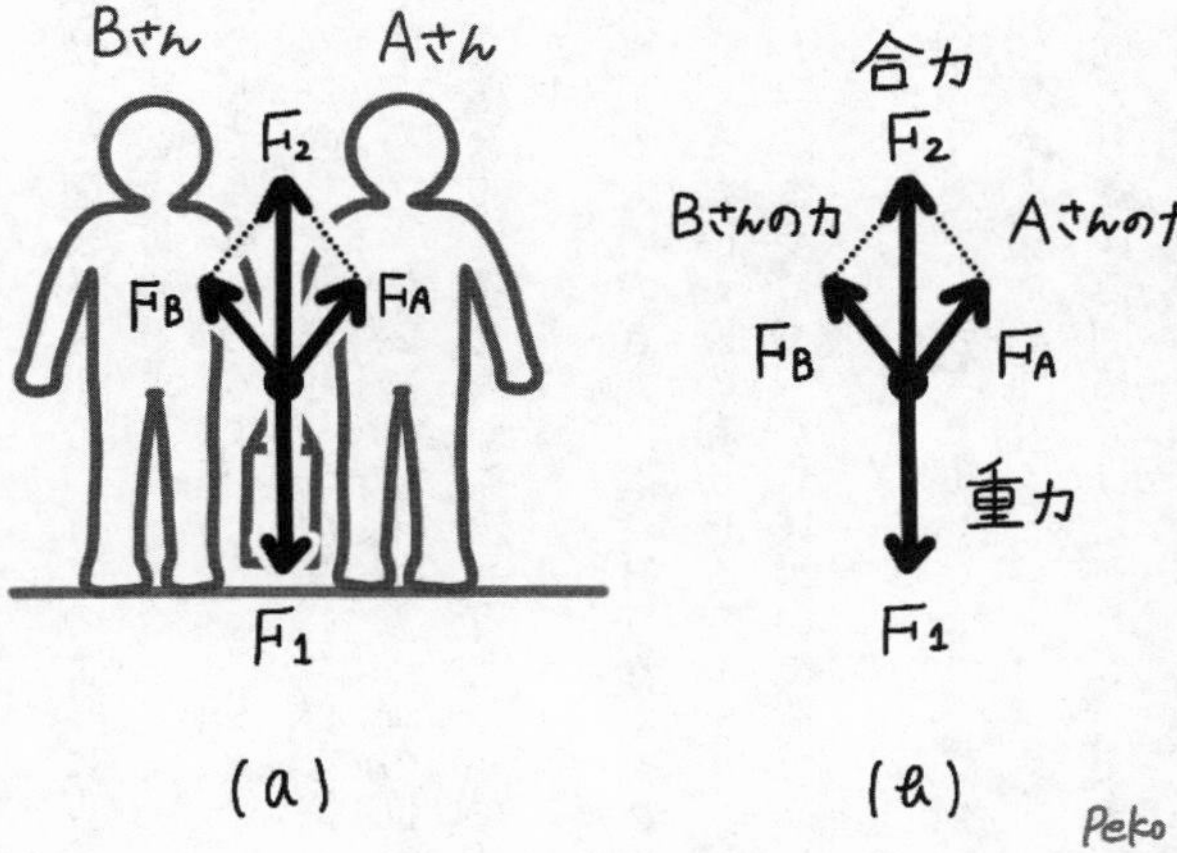

図表19-2　2人でバケツを持っているときの力のつり合い。Aさんの力はF_A、Bさんの力はF_B

ます。
物理では、この状況の力の関係だけを、矢印を使って**図表19－1**の（b）のように表します。2本の矢印の大きさは同じで、向きが反対。矢印の始点は共通です。

さてこのバケツ、小学生が1人で持ち上げるにはとても重いですよね。

Aさんが「重いよー」と困っていると、運良く友達のBさんが通りかかりバケツを持つのを手伝ってくれました。それが**図表19－2**（a）です。バケツは変わらず床から10㎝の位置にあるとします。Aさんは1人でバケツを持っていたときより、少し楽になりますね。Aさんのバケツを持ち上げる力が、小さくて（弱くて）済みます。

図表19－2のような場合、Aさんがバケツを引っ張る力の大きさF_Aと、Bさんがバケツを引っ張る力の大きさF_Bは同じで、まさに2人の力を合わせたF_AとF_Bの和がF_2となります。F_2がバケツの重力F_1とつり合えば、バケツは**図表19－1**と同じように、床から10㎝の位置で静止できるのです。

このF$_2$を、F_AとF_Bの**合力**といい、「F_2はF_AとF_Bの力を合成した」ともいいます。この状況を力の関係（矢印）で表すと、**図表19－2**（b）になります。

見方を変えると「F_AとF_Bは、合力F_2をAさん方向とBさん方向に分けた」ともいえます。物理では、F_AとF_Bをそれぞれ「F_2の分力」と表現したり、「F_2をF_AとF_Bに分解した」、「F_AはF_2の

Aさん方向成分、F_BはF_2のBさん方向成分」などと表現したりもします。

読者の皆さんは「それ、どっかで聞いたぞ！」とか、「そんなこと知っているぞ！」とか、思っているかもしれません。これ、中学校3年の理科で習う「**力のつり合いと合成・分解**」でして、高校の物理でも大学1年生の物理でも出てくる内容なのです。

アーム以外の力を駆使する

さて、力のつり合いと合成・分解について、クレーンゲームとの関係を見ていきましょう。

２００６年から２００９年頃はクレーンゲームの第2次マイブームで、この時期は第1章で紹介した「カプリチオ G-One」（タイトー製）をよくプレイしていました。このゲーム機の特徴は、他社の製品である「ＵＦＯキャッチャー7」（セガ製）よりＵＦＯメカが大きく、さらに**図表20**のように丸みがあることでした。

「カプリチオ G-One」のＵＦＯメカの操作は、x方向（横方向）とy方向（縦方向）をボタンで決定するボタン式と、メカを自由に動かせるジョイスティック式があり、私は後者の方が好きでした。また「カプリチオ G-One」には、ＵＦＯメカの回転機構（z軸周りでほぼ１８０度回転できる）がついていました。

アームの自由度1に加え、z軸周りの回転の自由度1が加わって、プレイヤーに優しいクレ

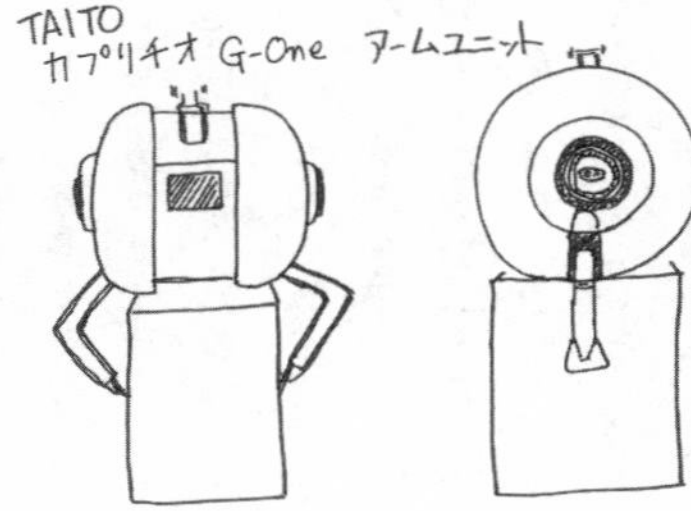

図表20　カプリチオG-Oneの模式図

ーンゲーム機だったのです。なによりも、丸みを帯びたUFOメカが物理的思考を刺激し、ゲーム自体を楽しくしてくれました。

クレーンゲームとは、UFOメカやアームを駆使してフィールドにあるプライズを落とし口に落とすゲームで、昔も今もこの基本は変わりません。問題は、どのように落とすかです。本書のテーマに沿って言えば、物理を駆使してどのようにプライズを落とし口に落とすかが、重要なわけです。そもそも、プライズごとに形が異なりますし、ゲーセンによってプライズの置き方も異なります。さらに、アームの力の強さも、いつも同じとは限りません。プレイヤーの技術だって、常に完璧とは言えないでしょう。

私はこの困難な状況で、どうすれば少ない投資でプライズをゲットできるのか、常に物理的思考を用いて考え、プレイしています。私のプレイの理念の一つが、「少しずつでもプライズを落とし口に近づける」です。少しずつでもプライズを落とし口に近づけることができれば、その過程でミスがあっても、プライズをゲットできる確率が上がると思っています。そのためには、アーム以外の力も積極的に使っていきます。

手元にある研究ノートの記録によると2006年のある日、とあるゲーセンで、箱型プライズが**図表21-1**のように置かれていました。ラッキーなことにゲーム機は私の好きな「カプリチオG-One」で、UFOメカがフィールドまで降りていく設定でした。

私は「カプリチオG-One」のUFOメカの丸みが、特に気に入っていました。「カプリチオG-One」のUFOメカの重さはわかりませんが、私が所有している「カプリチオサイクロン」のUFOメカの重さは、1kg以上あります。この重さのメカが上から降りてプライズに与える力は、1kg重程度です。1ℓの水入りペットボトルで押さえる力に相当しますね。

このUFOメカの丸みをうまいことプライズの後ろ上部に当てると、**図表21-1**と**図表21-2**のように、プライズは前方の落とし口に向かって（yの負の向きに）進むのです。当てる位置を間違えると、メカが箱型プライズを上から押さえつけるだけのこともありますし、箱にかすりもしないこともあります。でもうまく当たれば、プライズを着実に落とし口に向かって進めることができました。

UFOメカが上から下に（z軸方向へ）降りてくるのに、プライズが前方（yの負の向き）に進むということは、**図表21-2**のようにUFOメカの丸み部分と箱の上辺の接触部分で、プライズに作用する力Fが、y軸方向の力成分F_y（分力）とz軸方向の力成分F_zに分解され、かつF_y（分力）が有効に作用しているということです。

これはまさに、クレーンゲームにおける**力の合成と分解**の応用です。

ＵＦＯメカがプライズの上辺に当たるとプライズは少し傾きますが、倒れず、メカがｚ軸方向に降下しフィールドに到着するまでに、メカの上辺より前に出た部分だけ、前に進むのです**（図表21-2）**。操作のミスがなければ、これを繰り返すことで確実に落とし口に向かってプライズを動かすことができます。それも「カプリチオ G-One」のＵＦＯメカは、ジョイスティックでメカを自由に動かせて、かつメカはｚ軸を中心に回転できます。私にとっては天使のような、優しいＵＦＯメカでした。

しかし読者の皆さん、お気づきになったでしょうか？

この力学、ｚ軸方向に降下する力を利用するので、ＵＦＯメカがプライズに接触すると必ず、ｚ軸の下向きに分力F_zがはたらくのです。

このF_zが私にとって、次の物理的問題になりました。

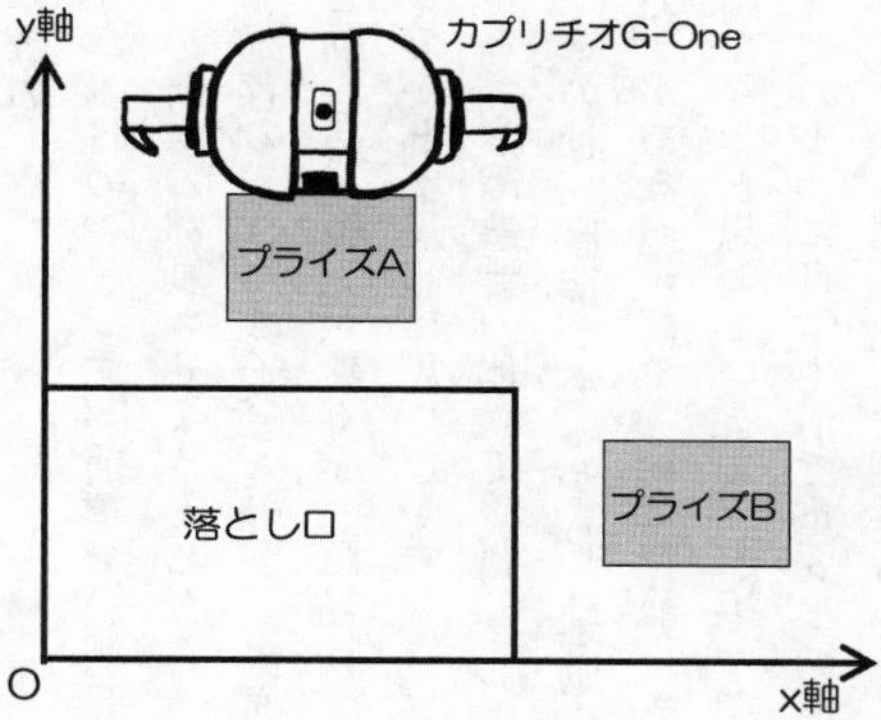

図表21-1　2006年頃のある日のプライズの配置を、真上（z軸方向）から見た図

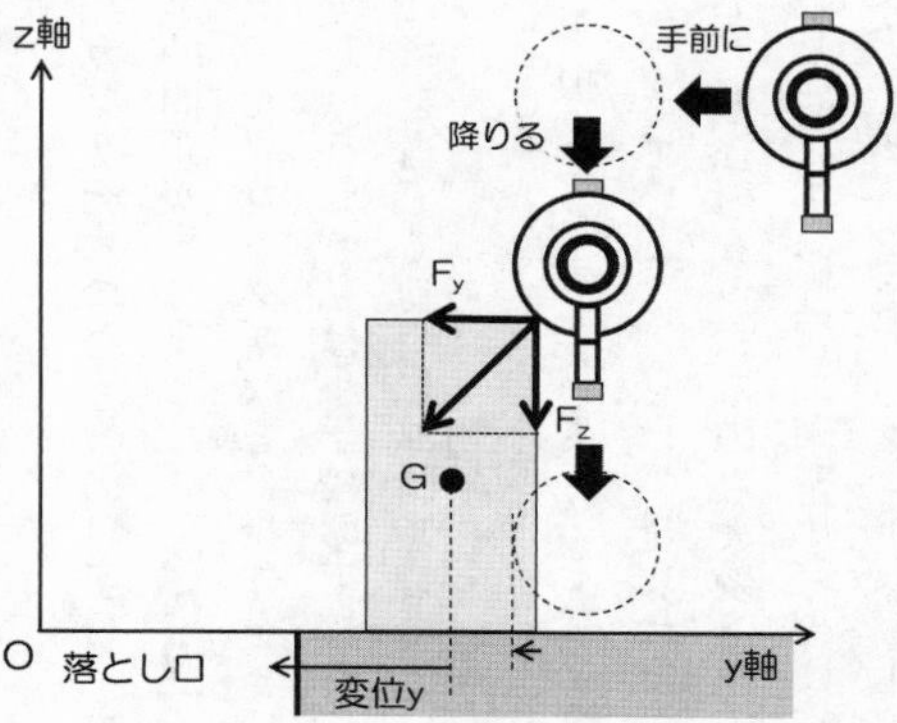

図表21-2　2006年頃のある日のカプリチオG-Oneとプライズの動き。x軸方向から見た図

摩擦力

ある日のことです。前項で説明したように「カプリチオG-One」のＵＦＯメカで箱型プライズを前方に移動させようとしたとき、ある物理的問題が生じました。「**摩擦力**」です。

読者の皆さんは子どもの頃、表面がザラザラしたブロック塀などに指先を当てて一気にすっと動かし、指先が熱くなった経験はありますでしょうか。私は小学校の下校時に、なぜ熱くなるのかと不思議に思いながらも、ブロック塀に指を当てて動かしては楽しんでいました。いわゆる「**摩擦熱**」の体験ですね。

この世に摩擦があるから、運動のエネルギー損失が必ず生じます。そして摩擦の力（摩擦力）があるおかげで、物体を静止させることができています。私は「世界に摩擦があってよかったな」と思っています。摩擦がない世界って、進むのも止まるのも大変そうです。

このように日常生活で重要な摩擦ですが、本格的にその性質を学習するのは高校の物理の授業になります。少々難しい話になりますが、今（２０２４年頃）のクレーンゲームをプレイする上でも摩擦力は重要な要素ですから、できるだけわかりやすく、箱型プライズを題材にして解説していきましょう。私の授業では実際にクレーンゲームでゲットした箱型プライズにゴムひもをつけて、教卓の上に置き、学生にその様子を見せながら、次のような話をしています。

今、**図表22**のように、重さ１８１ｇの箱型プライズがフィールド上に置いてあるとします。

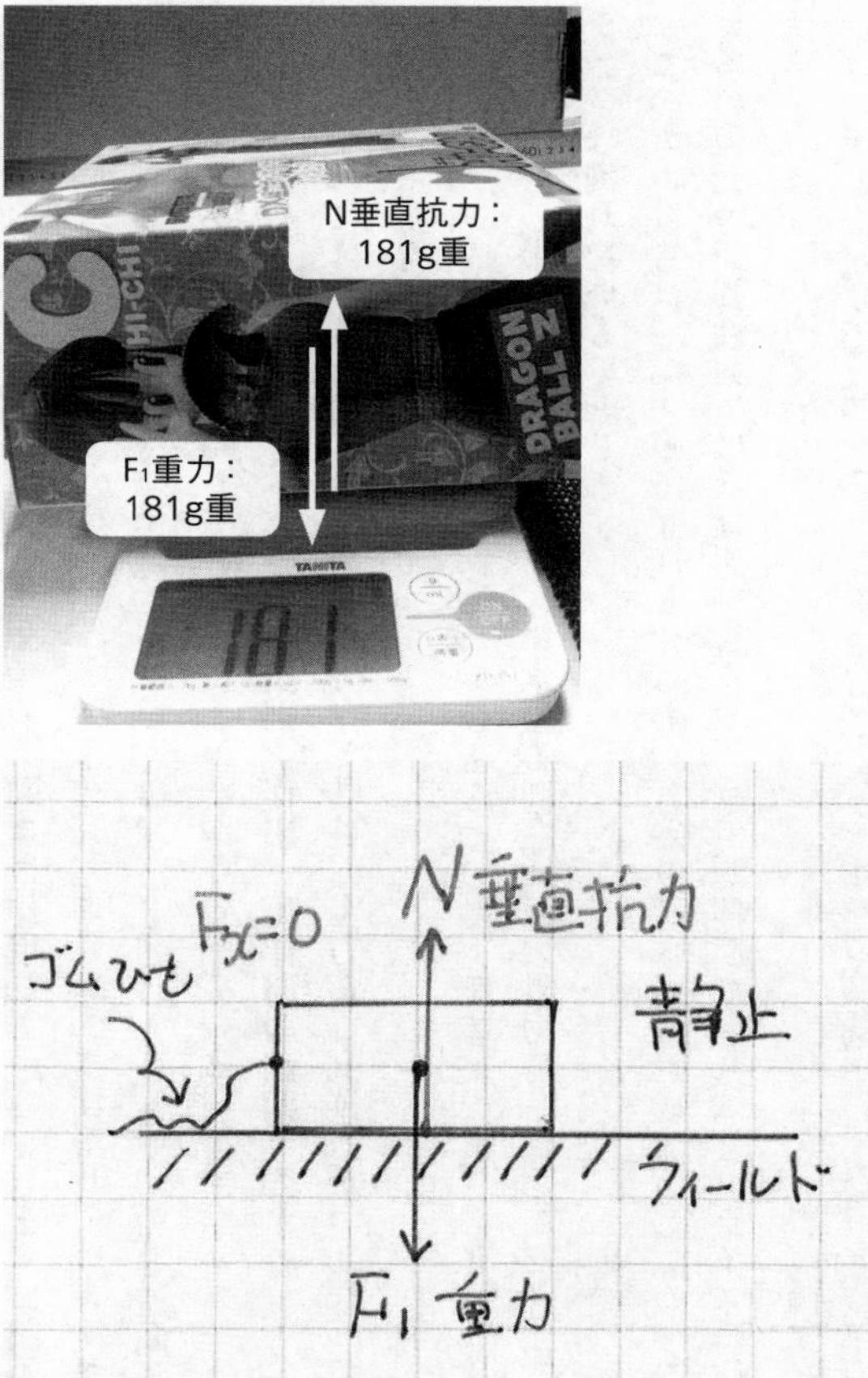

図表22　プライズの重さは181g。このプライズが静止しているとき、下向きに作用する力（重力）と上向きに作用する力がつり合っているといえる。重力と垂直抗力がつり合っている状態

プライズには、その重心に重力F_1がz軸の下向きに作用しているとします（図中の矢印は力の大きさと向きを表します）。重力F_1はフィールドを押すように作用していますが、フィールドもプライズも静止したままです。ということは、F_1と同じ大きさで、F_1と逆向きの力Nがフィールドからプライズに作用していて、F_1とNがつり合っているのです。

そうです、これはニュートンの第3法則「**作用・反作用の法則**」ですね。このフィールドからプライズにはたらく力Nを「**垂直抗力**」と呼び、重力と垂直抗力がつり合って、プライズもフィールドも静止したままなのです。

次に、フィールド上のプライズにゴムひもをつけて、**図表23**（a）のように水平方向（x軸方向）に引っ張ることで、プライズに水平方向左向きの外力F_xを作用させます。このとき、プライズは倒れないものとします。

このゴムひもは、第1章で説明したばねの代わりです。ばねのように、ゴムひもの伸びxとゴムの復元力（弾性力）はほぼ比例します。ゴムが伸びていれば、プライズに作用する力F_xも大きくなる、というわけです。

ゴムが緩んだ状態（$F_x = 0$）からゴムひもをx軸の方向に引いてみると、ゴムが少し伸びた（x = 非常に小さい値）状態になっても、プライズは動かず、静止したままでした。

これは、x軸の正の方向に引っ張る外力F_x（図中左向きの矢印）と、逆向きに作用する力F_f

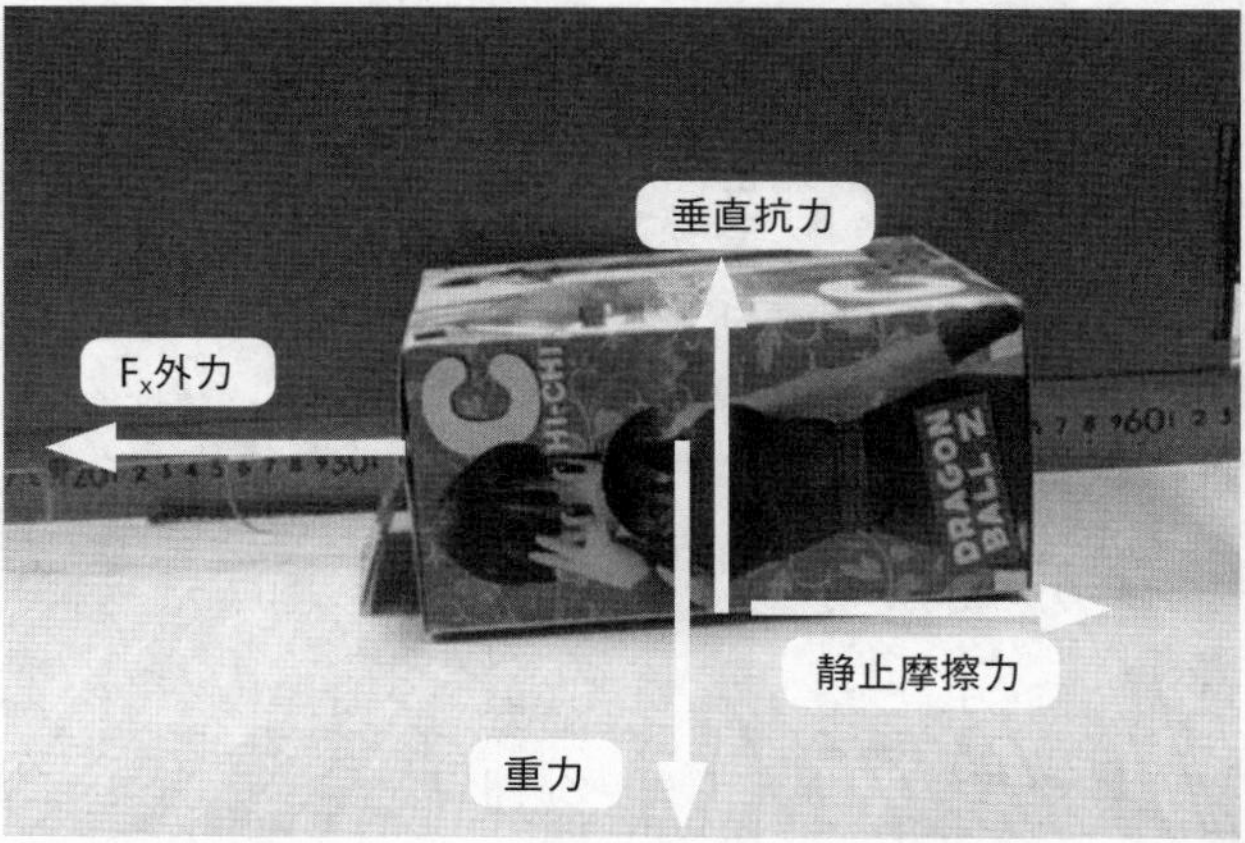

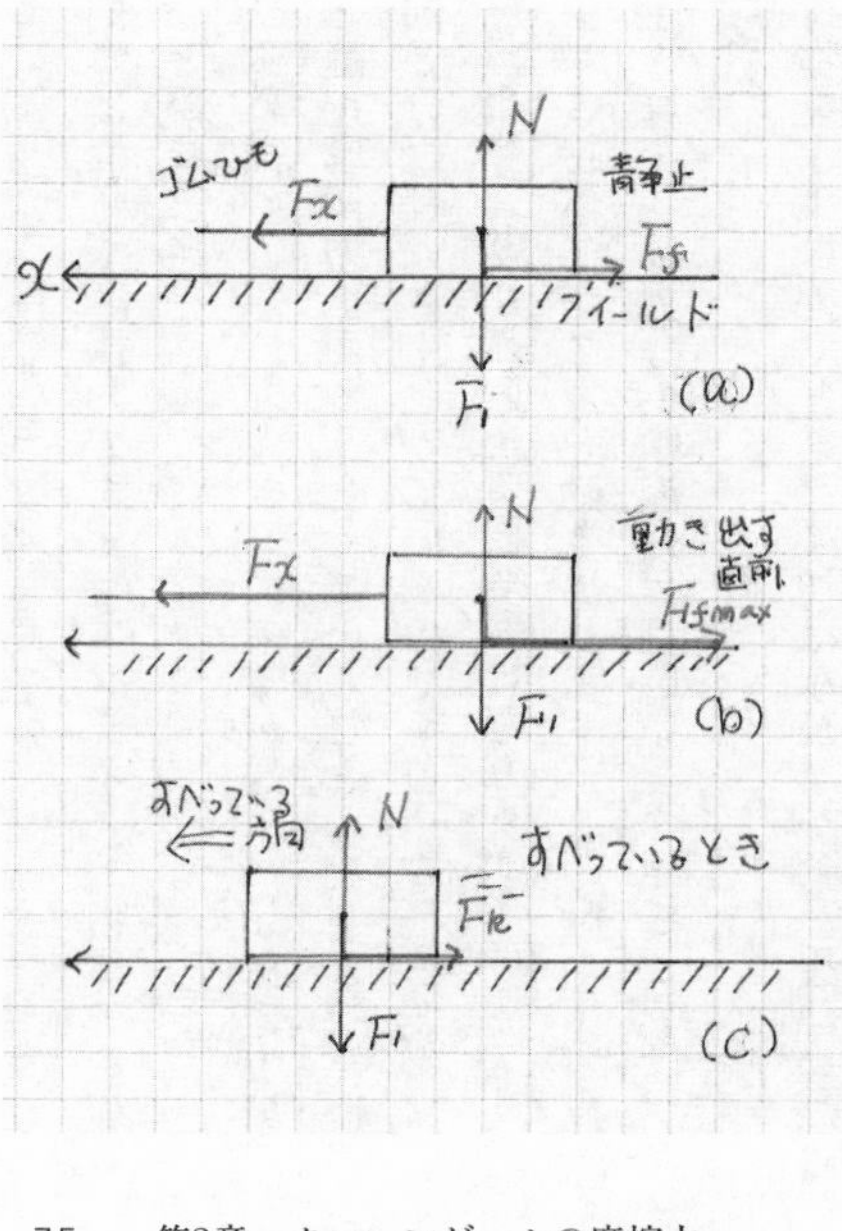

図表23　静止しているプライズに外力F_xを作用させている(a)。プライズが動き出す直前(b)。プライズが滑っている(c)

（図中右向き矢印）がつり合っていることになります（$F_x = F_f$）。

　このF_fが、プライズとフィールドとの間にはたらく摩擦力です。特にプライズ（物体）が静止しているときの摩擦力を「静止摩擦力」といいます。

　徐々にゴムひもを引っ張り、ゴムが伸びるに従って、F_xも大きく（矢印が長く）なりますが、それでもプライズが動かない場合は、F_xと静止摩擦力F_fがつり合っていることになります。F_xが大きくなった分、それと比例してF_fも同じ分だけ大きくなっているのですね。これをグラフで表すと、**図表24**の静止摩擦力の範囲（原点Oを通り傾きのある直線）になります。

　F_xを大きくしていくと、あるときプライズ（物体）がスッと動き出します。この動き出す直前に、静止摩擦力が最大になっています。これを「**最大静止摩擦力**」といいます。ここでは、最大静止摩擦力をF_{fmax}としましょう（**図表23**〈b〉）。

　読者の皆さんも、床に置いてある重い荷物を水平に押すとき、最初はなかなか動かなかったのに、ある力以上で荷物がスッと動き出したという経験があるかと思います。この**動き出す直前の静止摩擦力が最大静止摩擦力**です。そして一旦スッと動き出せば、どんなに重い荷物でも、動き出す直前より少し弱い力で動いていくことも、経験されていると思います。この荷物が動いているときの摩擦力を、「**動摩擦力**」といいます。この関係をグラフで表すと、**図表24**にあるような、横軸に平行な直線になります。

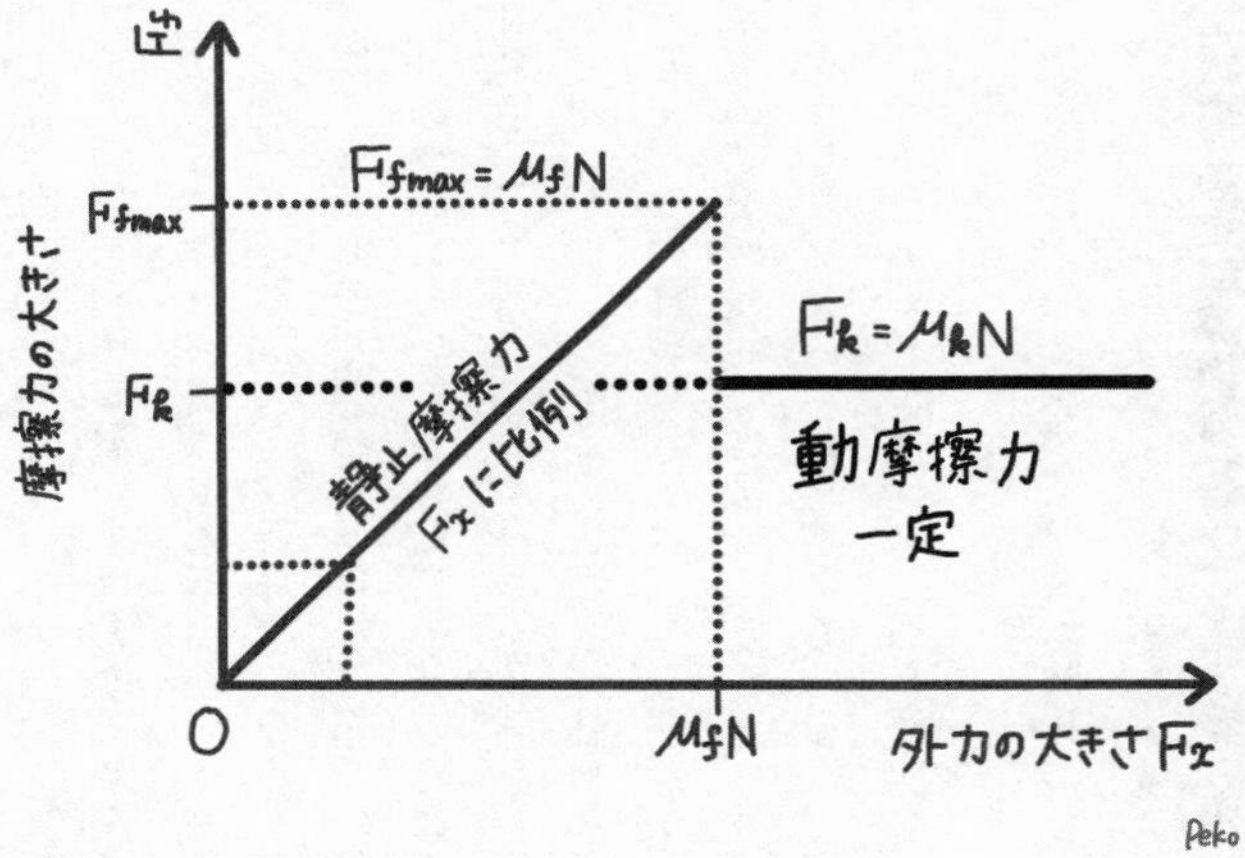

図表24　外力F_xと摩擦力の関係

つまり、フィールドの上の箱型プライズに、最大静止摩擦力を超える力を水平方向に与えれば、動摩擦力で静止するまでプライズはフィールド上を動くことになります。

ただし、実際にプレイするときには注意が必要です。前述したようにＵＦＯメカの丸みを使ってプライズを地道に前方に押し出していくと、同時に必ず、プライズをフィールドに押しつけるｚ成分の力F_z（分力）が作用します。

プライズには重力に加えてF_zも作用しますから、重力より大きい力でフィールドに押さえつけられていることになりますね。当然、プライズに作用する摩擦力も大きくなります。

それでも水平方向の分力F_xが最大静止摩擦力を超えれば、プライズはずるずると前方に押し出されていくのです。

この物理を利用しない手はありません。前掲した図表21-2のように、プライズがツルツルしたプラスチック素材のフィールドに置かれていて、「カプリチオ G-One」のUFOメカの丸みを利用できるなら、プライズを落とし口まで地道に押し出していく作戦はかなり効果的です。実際、2006年当時の私は、結構この作戦を使ってプライズをゲットしていました。

この素晴らしい作戦を読者の皆さんにもおすすめしたいところですが、残念ながら2024年現在、「カプリチオ G-One」のような丸みを持つクレーンゲームを見かけることはなくなりました。したがってこのような作戦自体も、今となってはあまり使えなくなってしまいました。そして、この作戦には実は大きな弱点があるのですが、お気づきでしょうか。それは「フィールドの状況が変わると破綻する」という点です。想像してみてください、もしフィールドがツルツルしたプラスチック素材ではなく、ベタベタした素材だったら……? ちょっと想像するだけでも恐ろしいですが、これが現実になっているのが現在のクレーンゲームの世界であります。

次章では、第2次マイブーム時代の私とクレーンゲームとの攻防について紹介します。

上級編：静止摩擦係数（難しかったら読み飛ばしてOK！）

摩擦力について、重い荷物ほど押し出すための力が大きく、床の状況によっても違ってくることは、多くの方が経験もされていると思います。この現象を物理の式で表すと、最大静止摩擦力F_{fmax}は次の式になります。

$$F_{fmax} = \mu_f N$$

ここでμ_f（μはミューと呼びます）を静止摩擦係数といい、物体（プライズ）と床（フィールド）との接触面の状態によって、値が異なります。Nは垂直抗力です。

次に、外力F_xの大きさがF_{fmax}の大きさを超えて、物体が床の上をスッと動き出す様子を考えてみましょう。物体が動いている間にはたらく摩擦力を動摩擦力といい、動摩擦力をF_kとすると、$F_k < F_{fmax}$の関係になります（**図表24**）。F_kを式で表すと次の式になります。

$$F_k = \mu_k N$$

ここで、μ_kを動摩擦係数といい、物体と床との接触面の状態によって値が異なります。物体にはたらく重力とNは同じ大きさですので$F_k < F_{fmax}$の関係があり、前掲の2つの数式の比較

から、$\mu_k < \mu_f$ の関係がわかります。

・追記

最大静止摩擦力（F_{fmax}）は、単に最大摩擦力とも呼ばれています。

第4章　フィールド上の攻防

ラバーシートの登場

本章では、第2次マイブーム時代、私が実際に、ゲーセンのクレーンゲームをプレイするなかで困ったことを振り返りながら、物理の話をしていきたいと思います。

前章の最後にも触れましたが、UFOメカの降下を使ってプライズを地道に押し出していけた良き時代は、残念ながら長くは続きませんでした。原因は滑り止め用ラバーシートの登場です。これがゲーセンに普及し、クレーンゲームのフィールドにも使われ始めたことによります。

とある日のことでした。いつものようにUFOメカを使って箱型プライズを押し出そうとしても、うまく滑り出さないのです。縦長の箱型でしたが、ちょっとだけ箱が傾いて、元に戻る。もしや、これは！

私はすぐに身体をグッと下ろし、目線をゲーム機のフィールドの高さに寄せて、物理的ポイントである摩擦力のはたらく位置を確認しました。もう周りの人目なんて気にしていられません。私は物理的に極めて重要な確認をしなければならないのです。

「あっ」

私は気づきました。箱型プライズの底とフィールドとの間に、何やら少々ボコボコした薄いシートが挟まれているのです。

「滑り止めだ！」

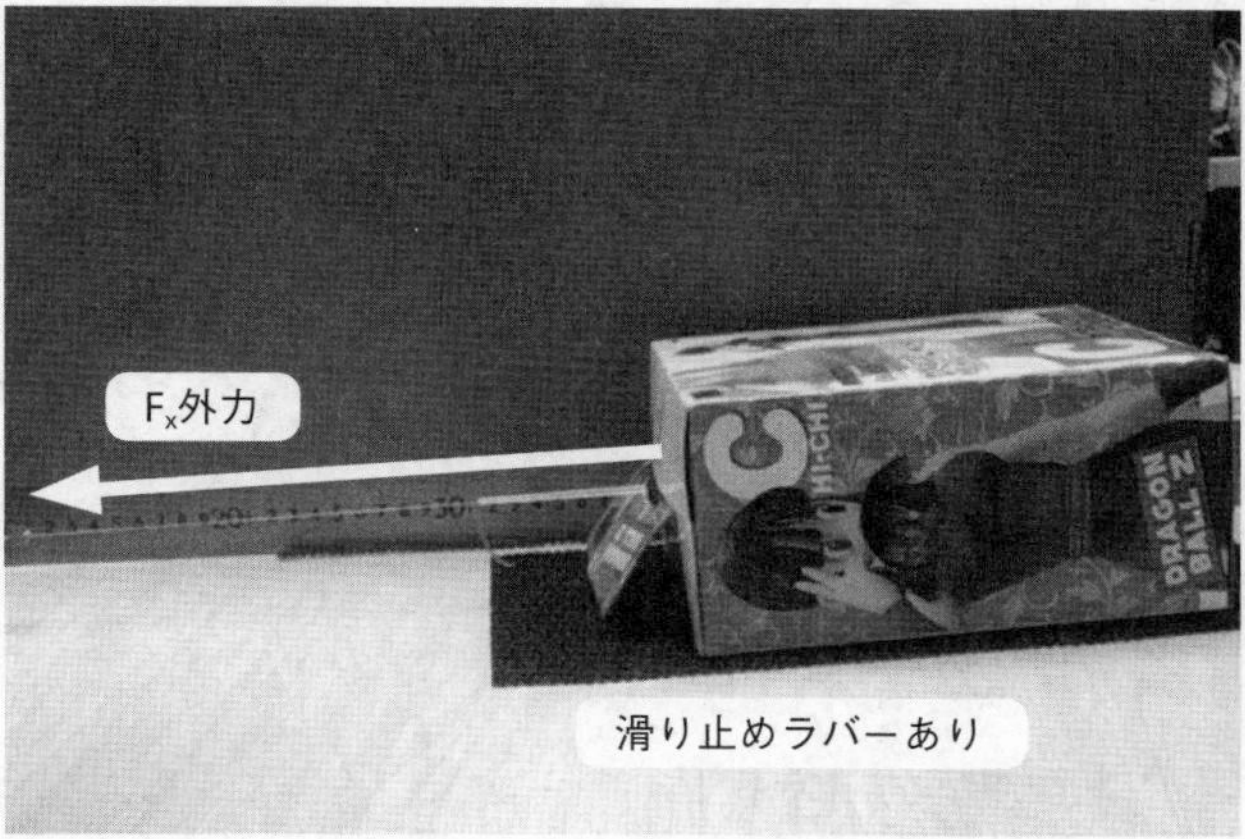

図表25　ラバーシートがあると、摩擦係数の増加により、プライズを動かすためにより大きな外力が必要になる（ラバーシートが見えるように設置）

滑り止めの薄いラバーシートが、私に気づかれないようにそっと、プライズの底とフィールドの間に置いてあったのでした。

図表25はその様子を再現したものです。このように滑り止めラバーシートが、プライズの下に置いてあったのでした（写真内ではフィールド上との差がわかるように、プライズよりも大きめの黒色シートを使用）。

前章で紹介したように、UFOメカの降下を使って、プライズを地道に押し出す作戦では、必ずプライズをフィールドに押しつけるz方向の力（分力）がプライズに作用します。ラバーシートがない頃は、最大静止摩擦力も動摩擦力も（ラバーシートがあるときより）小さくて、プライズを動かすことができました。

ラバーシートがあると、これらの摩擦力が大きくなりますから、プライズはなかなか動きません。かくして、プライズを地道にコツコツと押し出す作戦は使えなくなってしまったのでした。

私は現在でも、フィールドに何気なく置いてあるプライズや、フィールドから落とし口に落ちそうになっている（わざとそれっぽく置いてある）プライズを見かけると、こちらも何気ない顔でプライズとフィールドの間をのぞき込み、ラバーシートが挟まれていないか確かめています。もう条件反射のようなものです。プレイヤーとゲーセンとのプライズを賭けた攻防は、クレーンゲームが世に出てから続いており、今も、これからも止むことはないのです。

消えたプライズ側面のホール

時は2022年の10月。本書執筆の依頼を受けた私は「せっかくのチャンスだから」と、再びゲーセン通いを始めました。本格的にクレーンゲーム研究に乗り出すのは、実に13年ぶり。実際にゲーセンに足を運んだ方が、昔のプレイ時の気持ちや感覚を思い出せますし、来年度の授業の意識づけトークのネタ探しにもなりますし。

再開にあたり私は、一番形がシンプルで力学が使えそうな箱型プライズから研究（プレイ）することにしました。クレーンゲームの機種は当時最新型の「UFOキャッチャー9」です。

正直、約13年のブランクを感じました。メモ帳とペンを持ち、休日や帰宅途中の時間を使って、鹿児島市内のゲーセンを回り、プレイする日々が始まりました。プライズの配置、設定、クレーン操作の一手一手を、メモしていきます。メモしながらプレイするのですから、ゲーセンの店員さんには不思議がられているかもしれません。しかし、私は研究者。研究ノートを作る感覚が実験的でやっぱり好きなのです。

ほどなくして、クレーンゲーム機内のプライズの置き方が以前（熱心にプレイした2006年頃）とは、だいぶ異なっていることに気づきました。ゲームの設定が格段に難しくなっています。物理としては面白いのですが、お財布的には厳しい設定です。今のゲーム設定は、2006年当時とは異次元の困難さ、と感じています。

そして、もう1つ気づいたことがあります。それは、フィギュアが入っている箱が、2006年当時とだいぶ違っていることです。

今のフィギュアが入った箱型プライズの主な特徴は、①箱の上蓋と下蓋のセロハンテープの貼り付けが簡単で隙間がある、②箱の側面にアームのシャベルを入れる穴（ホール）が無い、という2点です。

この特徴の①は、ゲーセンによって多少、程度が異なっていました。ゲーセンによっては、すべての隙間を埋めるようにセロハンテープをしっかり留めているところや、プライズ全体をラップで巻いているゲーセンも見られました。しかし、②についてはどこも同じです。側面にホールが開いた箱型プライズは、近頃のゲーセンでは見かけません。

ひっかけ技「ホールフック」

ここからしばらくは、2006年から2009年頃に出回っていた箱型プライズの特徴と、プライズゲットのための摩擦力の利用検討について、当時の私の研究ノートをもとに紹介します。これは私とゲーセンとの攻防の記録でもあります。

当時の箱型プライズは、今のそれとは違い、**図表26**のようにプライズ箱の両側面に、穴を開ける切り取り線が入っていました。この穴は当時から「ホール」と呼ばれていたようで、ホールがあることで、アームのシャベルをプライズ側面に挿入できるようになっていました。

図表26を見ていただくとわかりますが、ホールの開き方には3パターンありました。切り取り部分を下側に押し込み「上側」を半円状に開けるパターン（「上穴」としましょう）と、切り取り部分を上に押し込むことで「下側」を半円状に開けるパターン（「下穴」としましょう）、そして、両方を開けるパターン（「両穴」としましょう）です。

昔も今も変わらないのは、箱型プライズの表面は光沢のあるツルツルした素材で、内側はザラザラしている、ということです。ツルツルした面（滑らかな面）は、シャベルに作用する摩

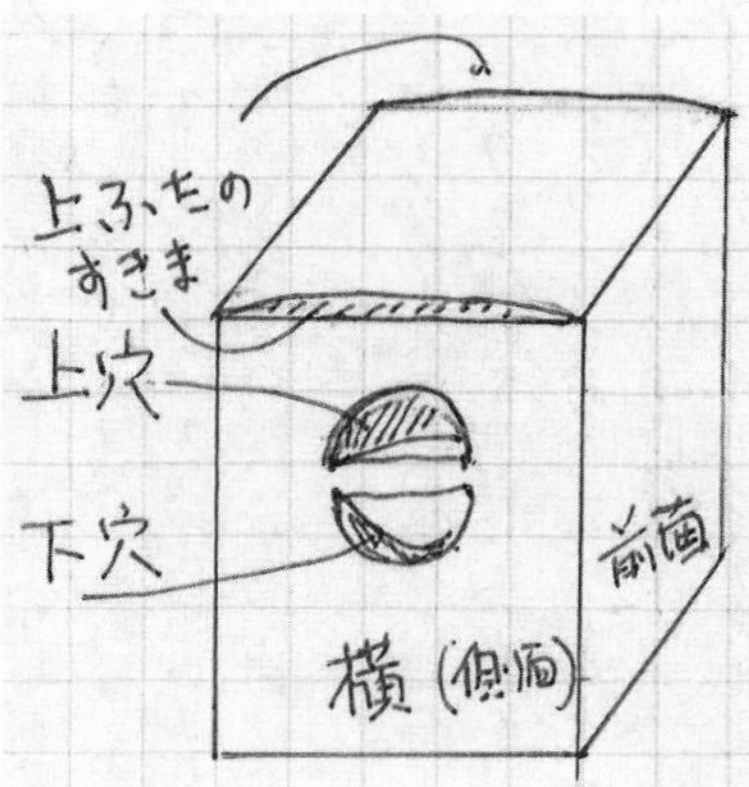

図表26　箱の横(側面)にあるホールと隙間。ホールは半円状に上側(上穴)、下側(下穴)を開けることができた。写真は当時のプライズを側面がわかるように並べたもの。側面に上穴、下穴が開いているのが確認できる。円形に両穴が開いたものもあった(写真内右端)

擦力が小さいと予想されます。一方、内側のザラザラした面（粗い面）は、シャベルに作用する摩擦力がツルツルした面に比べて大きいと予想されます。

ホールをどのように開けるのかは、ゲーセンによって異なっていました。上穴を開けるのか、下穴を開けるのか、両方開けるのか、大きく開けるのか、小さく開けるのか。その設定は様々です。

図表27に、左右のシャベルを箱型プライズの上穴に引っ掛けて持ち上げた写真と、そのときの断面模式図を示します。実践では、このまま側面2つの穴に左右アームのシャベルをしっかりと入れて、バランス良くプライズを抱えるように持ち上げ、そのまま落とし口まで持っていきプライズをゲットする……、という段取りです。当時の私が研究ノートにスクラップしていたゲーセンのチラシによると、このようなゲットの仕方は、「ホールフック」と呼ばれていたようです。2006年当時は、これがプライズゲットの基本の動作でした。仮に「基本動作」としておきましょう。

再度、**図表27**をご覧ください。バランス良く両シャベルが箱の両側面の上穴に刺さった状態ですが、このような形でシャベルを穴に入れるには、クレーンゲームの機種によって大きく2つのやり方がありました。

1つめのやり方は、UFOメカがフィールドまで降りていく機種で有効でした。この手の機種の場合、左右アームが大きく開いた状態でフィールドまで降下します。そしてＵＦＯメカが箱の上面に接触し、その後に両アームが閉じて、両シャベルが箱側面に当たります。そこからＵＦＯメカが上昇し、左右シャベルはプライズの側面を下から滑るように移動。その途中で、シャベルが穴に入ります。

もう1つのやり方は、プレイヤーがメカの降下を途中で止められる機種で使われたものです。

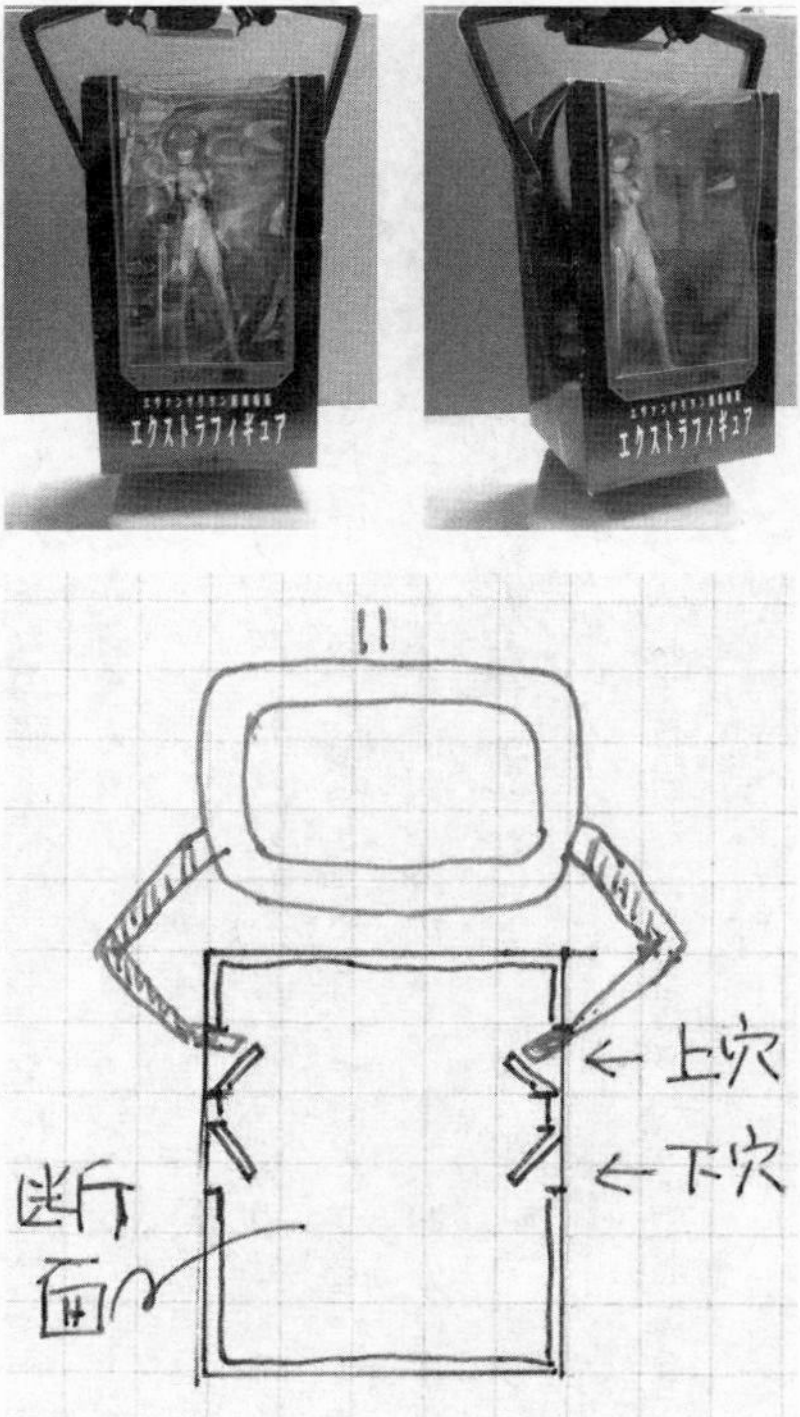

図表27　ホールフックの断面図

この手の機種には、UFOメカの降下時に、下降を止められるストップボタンがついていましたから、穴に直接シャベルが刺さるタイミングでクレーンの降下を止めて、シャベルを「ぐさっ」と差し込みました。

いずれの場合にも、プライズの左右方向の重心を見極めて、バランス良くプライズを引き上げ、プライズを落とし口の上部まで落とさず持っていくことになります。

プライズが両アームのシャベルに引っ掛かると、箱正面から見えるキャラクター（図表27では綾波レイ）がゆらゆらと前後左右に揺れながら、（まるでスポットライトを浴びた、選ばれしヒロインのように！）ゆっくりとゲーム機の天井まで昇ります。そしてプレイヤーの前を、ランウェイを歩くモデルのようにバランス良く揺れながら通過し、落とし口まで進んでいきます。このときのドキドキ感がクレーンゲームの醍醐味です。

その後UFOメカは、落とし口上部でプレイヤーの勝利を祝うように、あるいは大鷲が大きな翼を堂々と広げるように、ゆっくりとアームを開きます。無事、綾波レイのプライズが私のものになり、私は右手で軽くガッツポーズ。

シャベルの接触面と摩擦力

ホールフックでのプライズゲットは、とても気持ちの良いものでした。2024年でも「U

FOキャッチャートリプル」など3本アームのクレーンゲームでは、運良くがっちりプライズを抱えられた場合、そのまま落とし口に移動させプライズをゲットできることがあります。これはレアですから、「まじか」「きたか」「当たりか」と、固唾をのんでプライズの動きを見守っています。

一方、2006年頃にホールフックでプライズを運び落とすのは、心・技・体・物理がハマったような感じでした。柔道の試合実況で表現すると、「きた～、一本背負い、すっこ～んと一本！」って感じです。

ホールフックを使ったプライズゲットについて、2006年当時の私は「摩擦力がポイント」と見ていました。アームの力も十分でシャベルの形や角度も問題なければ、上穴が開いていたときの方が「ラッキー」です。基本動作で十分にゲットできました。一方、下穴が開いていたときは「ん～、残念」と、基本動作でのプレイは見送りにしていました。

これには、摩擦力が関係しています。

箱型プライズ両側面に上穴が開いていた場合、UFOメカが上昇するとき、シャベルの上面は上穴のザラザラした切り取り部分と接触します。一方で、下穴が開いていた場合、メカの上昇時にアームのシャベルが接触するのは、プライズ内側に折り込まれた光沢のあるツルツルした面（プライズの表面）です。当時の私は「上穴のザラザラした面の方が、下穴のツルツルした面よりも、シャベルとプライズに作用する摩擦力が大きいはず」と見ていました。

例えば200gのプライズに下向きに作用する重力は200g重です。最もバランス良く持ち上げる場合、右アームに100g重、左アームに100g重の力が作用します。前章で説明した、力の分解と同じですね。プライズが両シャベル上で静止している状態なら、重力と外力による力が最大静止摩擦力に達するまで、アームが少々揺れても、プライズは落とし口まで運ばれていきます。このとき、重力や、ばねの力、垂直抗力、摩擦力のすべての力がつり合っているといえます。

しかし、プライズのシャベルとの接触面が滑らかで、最大静止摩擦力が弱かったらどうなるでしょうか？　シャベルが穴を滑り、プライズを持ち上げることができないかもしれません。もし、なんとか持ち上げられても、プライズを運んでいるときの揺れなどで重力と外力による力が最大静止摩擦力を簡単に超えてしまうかもしれません。一旦、最大静止摩擦力を超えて滑り出し、力のつり合いが崩れると、もう滑り落ちる動きを止めることはできません。だから私は、摩擦力が大きいザラザラな面がシャベルと接触する、上穴が開いているプライズを狙っていました。

ここで「でも、シャベルとの接触面積は下穴の方が大きいよ！　接触面積が大きい方が摩擦力も大きくなるんじゃないの？」と指摘されそうですが、実に摩擦力って面白いのです。図表

27のようにシャベルでプライズを持ち上げるときに重要なことは、シャベル上でプライズが滑らずに止まっていることであり、これは最大静止摩擦力の大きさがポイントになります。そして、**「接触面積が大きい＝最大静止摩擦力も大きい」ということはありません。**面積が小さくとも「ザラザラした粗い接触面で、静止摩擦係数がより大きい」のであれば、最大静止摩擦力も大きくなります。**1点でもすごく大きな静止摩擦係数があれば、**プライズは両シャベル上で静止し、UFOメカで運ばれているときに多少揺らいでも、プライズは両アームと一緒に揺らいでいるだけで滑り落ちないのです。

なお、私が授業の教科書に指定している『教養としての物理学入門』（笠利彦弥・藤城武彦著／講談社）によると、「摩擦の原因は、接触面におけるほんの数点の凸凹がかみ合って生じているため、摩擦力は接触面積に依存しない」と記述されています。また、「接触面でかみ合っている凸凹が破壊される直前が最大静止摩擦力」と紹介しています。ここまで丁寧に記述している入門書はなかなかありませんから、助かっています。

リカバリーは可能

もう1つ、プライズを安定して運ぶための重要なポイントがあります。それはホールの位置です。前掲した図表26内の写真を見て、お気づきになりますでしょうか。いずれのホールも、箱型プライズの中心より上の方にあります。プライズの重心はプライズの中心付近にあることが多く、その場合、ホールは重心よりも上に開いていることになります。重心は左右シャベルがプライズに触れる支点（ホール）よりも低く、左右シャベルからほぼ等距離にあると推測されます。重心が支点よりも下にあるというのは、「やじろべえ」と同じですね。これも、プライズを安定して運ぶポイントの一つになります。

さて、やじろべえのように倒れにくいプライズでも、UFOメカの動きによる振動で、移動中にフィールドに落ちて倒れてしまうことがあります。これは天から地へ突き落とされた気持ちになります。もう両側面のホールにシャベルを差し込む技は使えません。

ではこれでゲーム終了かというと、実は、別の作戦でリカバリーが可能です。

仮にこれまでに解説した基本動作（箱型プライズの両側面の穴に、左右アームのシャベルをバランス良く入れて運ぶ方法）を「プランA」とするならば、そのリカバリーとして、「プランB」があるのです。プランBとは何か？　早速、説明に移りましょう。

プランBを使えるのは、次の2つの条件が揃ったときです。

1つめの条件は、フィールドに落ちたプライズが幸運にも、**図表28-1**のようになった場合。つまり箱型プライズの側面の穴が上側を向いていて、かつ箱の1辺がアームの開く方向と同じ向きで置かれている場合です。

2つめの条件は、クレーンゲームの左右アームのシャベルが、フィールドまで降りてくる設定のときです。

もし、この2つの条件が揃ったのなら、ラッキーチャレンジタイム！　プランBの登場です。前章でご紹介しましたが、当時のUFOメカの重さは約1kgと、結構重いのです（私の持っているメカの場合です）。この重さの物体が上方から降りてくるのですから、その力（重力）がプライズに与える力も相当なものと予想されます。UFOメカはアームを開いてからプライズに向かって降下しますが、このときシャベルはほぼフィールド向きに設置されており（要はシャベルが下向きということです）、それがそのまま、フィールドに向かって降りてくるのです。多くの場合、シャベルの先は「薄く尖っている」形状です。

図表28-1　側面の穴が上を向いていた（インナーカバーなし）

プランBはこれらを積極的に使います。つまり、先の尖った左右どちらか一方のシャベルを、メカの降下時の大きな力で、プライズ側面のホールにグサァ～っと差し込む作戦です。

私の当時のノートによると、**図表28－2**のよう

図表28-2　アームを差し込む（インナーカバーなし）

に片方のアームを側面のホールに差し込み、もう片方のシャベルでプライズの側面を支えます。このときシャベルは、プランA（基本動作）のときよりも、プライズ側面のホールに深く差し込まれ、アームも大きく開いた状態ですから、ばねによるアームの閉じる力も大きいはずです。結果的に、シャベルとホール内接触面との摩擦力もかなり大きくなり、左右のアームは赤ちゃんを抱き抱えるようにしっかりと、プライズを抱えます。そのままプライズは上昇し、落とし口の上方に移動。再び両アームが大きく開きプライズは落とし口へ。プライズゲットの瞬間です。

でも、実際には「ん！　プライズが落ちないぞ!?」ということもあります。差し込まれたアームとホールとの摩擦力があまりにも強く、プライズがアームに引っ掛かった状態になってしまうのです。そんなときは、ゲーセンの店員さんを呼んで状況を見せて、プライズを取り出してもらいます。店員さんから「おめでとうございます！」と言われながらプライズを頂くのですが、それはそれでちょっと恥ずかしくもあり、嬉しい瞬間でもありました。

このプランBは、プライズがアームに引っ掛かるくらい、最大静止摩擦力がプランAよりも大きい、ということです。「ならばクレーンゲームでもっと積極的に使えるのでは？」とも考えてしまいます。つまり何らかのクレーン操作でうまいこと、箱型プライズの穴のある側面が上になるように倒す。または、「カプリチオ G-One」のようにUFOメカが回転できるゲーム機で、倒れた箱の側面にアームを合わせるように操作する、などです。

なおプランBのプライズゲットの仕方は、私が生み出したわけではありません。ゲーセンで実際に行っているプレイヤーも見かけたことがありますし、インターネット上の記事でも読んだ記憶があります。

このようにプランAのリカバリーを可能にしたプランBですが、利用するチャンスはそれほど長くは続きませんでした。プレイヤーとゲーセンとのプライズゲットを賭けた攻防は、新たなステージに突入するのです。

インナーカバーの登場

クレーンゲームの面白いところは、ゲーム機とゲーム設定がどんどん進化していくところです。同じゲーム機でも新しいゲーム設定が現れて、1回60秒にも満たないプレイ時間なのに、プレイヤーを存分に楽しませてくれます（実際には、苦しんでいることがほとんどですが……）。

私は、プライズの置き方などのゲーム設定を「ゲーセン側からのお題」と感じています。ゲーセン側から「これ解ける?」とお題が出て、それを解くようなイメージです。

独りで解くのも楽しいですが、家族や友人同士、またグループで議論しながらプレイしたり、その様子を少し離れた場所から見たりするのも、私の楽しみの一つです。プライズの置かれた状況（力学的問題）が1プレイごとに変わっていくなかで、皆さん、次の一手についてワイワイと議論しながらプレイをされています。残念ながらプライズが動かなかったときでも、話し合い、ああでもない、こうでもないと、その原因と次の手を考えているのです。クレーンゲームを通して、気の置けない仲間同士で物理の力学を議論しているようにも聞こえ、物理を専門にしている私はとても嬉しくなります。

さて、ゲーセン側からのお題は、ある意味、ゲーセンからの挑戦状。私とゲーセンとの「クレーンゲーム上での攻防」の始まりでもあります。前項で解説したプランBは、プレイヤーから見ればプランAに続く「攻」の作戦です。ゲーセンあるいはプライズ側は、次の「防」を施してきます。

2016年頃から2019年当時、フィギュアの入った箱型プライズに変化が現れました。側面のホールはあるものの、箱の中のフィギュアが見えるプライズでは、フィギュアが箱の中で動かないようプラスチックの保護材（インナーカバーと呼びましょう）が用いられるようになったのです。図表29－1に現物を示します。

フィギュアはインナーカバーで覆われた姿で箱の中に入っていました。上下側面、前後左右の四方のすべてをカバーされた状態です。これは、外から箱の中身のフィギュアを見ることができ、なおかつ、インナーカバーがガッチリとフィギュアを保護しているという、誠に良いことではないかと思われます。しかし、プランBを目論む私にはそれが問題になるのです。

箱型プライズがうまいこと横に倒れて、箱側面の穴が上向き、「よっしゃ！　プランB発動！」と操作し、片方のシャベルを穴に……（ここまでは予定通りです）。ところが、「コツン」と何かに当たります。

「ん？」

シャベルはプライズ側面の穴まで到達するのですが、図表29－2のように奥深くまでは入らず、表面から5㎜ぐらいの深さで「コツン」とインナーカバーに当たります。そのまま引っ張り上げようとしても、プライズを持ち上げるときに必要な静止摩擦力が十分に得られず……、ゲット失敗！　となることが多いです。

これを私は、**「倒れた箱型プライズにおけるインナーカバー問題」**と命名しました。

確かに、フィギュアを保護する透明プラスチック箱は重要で、２０２４年の今でもその存在

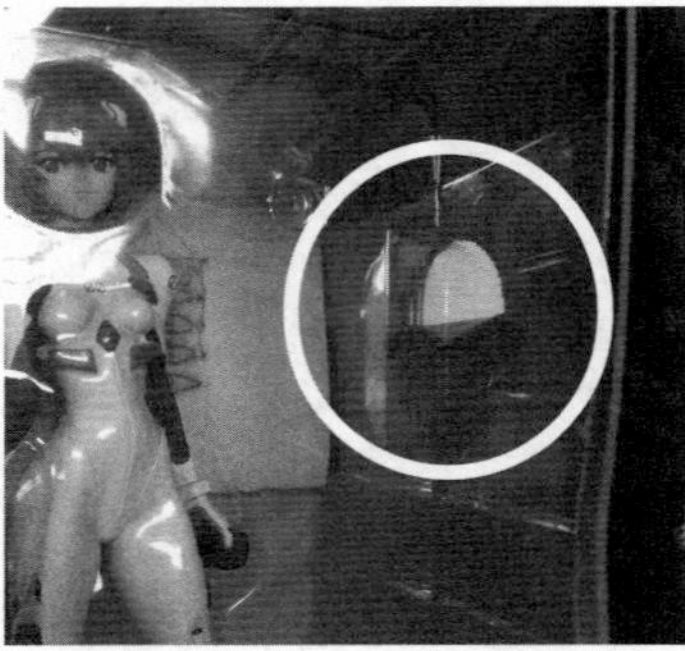
図表29-1　プライズを保護するインナーカバーがある

図表29-2　インナーカバーがあるのでアームが十分に入らない

を確認しています。しかし私には、フィギュアを保護するだけでなく、箱側面穴からアームが突き刺さらないようにするためのカバーにしか見えなかったのです。

箱型プライズを倒して、アームのシャベルを突き刺しても、シャベルから「コツン！」と音が聞こえるような、動き。その後、プライズは少しだけ持ち上がりますが、やはり摩擦力が弱く、あるいはほとんどなく、すぐに落下してしまいます。再び、プライズはフィールドの上で静止。私のプライズゲットのドキドキ感も静止です。作戦プランBは失敗。私はゲーセンとの攻防に敗れ、結果的に100円硬貨を数枚、投入しただけでした。残念。

インナーカバー問題への対抗アイデア

「倒れた箱型プライズにおけるインナーカバー問題」は難問ですが、これに対する策は用意していました。仮に「プランC」としてご紹介しましょう。

プランCとは、上蓋と箱側面にできた隙間をシャベルで突き刺す「攻」の作戦です。前掲した**図表26**に箱型プライズの概略図を描いていますが、箱によっては上蓋と箱側面との間に僅かに隙間が空いていました。セロハンテープで上蓋の一部を留めていますが、それでも隙間が空いている場合があったのです。ここにシャベルを入れる作戦がプランCです。

これは当時のインターネット等で紹介されていた作戦で、その記事が私のノートにスクラップされていました。記事を見る限り、プランCはプランAやプランBに比べ、より高度なクレーン操作が必要になります。箱型プライズの側面の穴にシャベルを入れるのとは違い、狙うのは蓋の隙間ですから。隙間は狭いので、一度シャベルがグサっと差し込まれれば、その静止摩擦力は強力であることが予想されます。シャベルがうまく刺さったのなら、UFOメカはそのまま落とし口上方まで移動し、再びアームが開いても、プライズは落ちることはなくシャベルに刺さったままになるでしょう。

このように解説すると、とても有効な作戦に感じられますが、手元のノートを見る限り、プライズゲットの記録はありません。当時の私にとって、プランCは作戦として有効ではなく、あくまでもバックアップのプランだったようです。

その理由の一つと思われるのが、私の持っている当時の箱型プライズの多くで見られる、過剰とも思えるセロハンテープです。当時、私は主に宮城県仙台市のゲーセンでクレーンゲームをプレイしていましたが、私がプレイをしていたゲーセンの、プランCに対する「防」は、「箱型プライズの隙間をセロハンテープで完全に塞ぐ」ことだったのかもしれません。今考えれば、テープを貼る作業は大変な労力だったと思います。今も手元にある当時の箱型プライズを見ると、もう、こんなに隙間を埋められたら、プランCの実施も無いよねって思うくらい、セロハンテープが使われていました。

シャベルで箱型プライズのホールや隙間に差し込む「攻」に対し、穴の開け方やセロハンテープで隙間を埋める「防」は熾烈になっていきました。そして、さらに手強い「防」が私の前に出現したのです。

ひもというゲームチェンジャー

私が仙台でクレーンゲームをプレイしていた2006年頃、基本的にUFOメカは、フィールドまで降りてくるものでした。これを前提に、前述したようなプランなどを考え、プレイしてきたのです。ゲーム機によっては、ＵＦＯメカがフィールドに向かって降下する動きを、途中で１回止めることができましたが、これはプレイヤーがプライズをゲットするために、自らの判断で行っていた操作でした。

ところが、衝撃は突然やってきました。

仙台でのある日、あるゲーセンの、あるクレーンゲーム台で、私はいつものように力学を考えるために、クレーン操作を開始しました。いつものように操作して、ＵＦＯメカの左右アームが大きく開き、ＵＦＯメカはフィールドに向かい下降していきました。当然、ＵＦＯメカはフィールドに接触するまで降りていくものと、私は何の疑いもなく、その動きをぼんやりと見ていました。

ところが、です。ＵＦＯメカはフィールド上の目標に向かって降りていく途中で、突然ストップしたのです！「えええええっ!?」と、私は心の中で絶叫です。一方のメカはまるで何事もなかったように、まさに機械的にその場にとどまり、両アームをゆっくりと閉じていくのです。

「マジか！」と、思わずつぶやいていました。目の前のＵＦＯメカは、プライズの無いまま、落とし口上方に向かって戻っていきます。

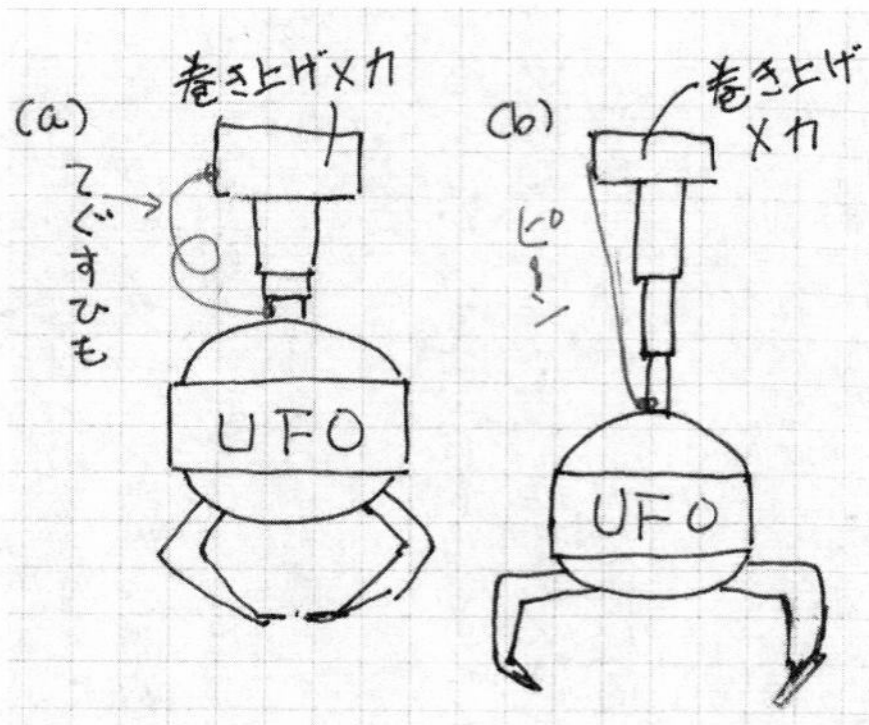

図表30　透明なひもでUFOメカの降りる位置が制限された概略図。巻き上げメカからUFOメカに、透明なひもが取り付けられている。(a)初期状態。(b)ひもが伸びて、降りる位置が制限された状態

なんだ、これは？　何が起こった？

運が悪かったでは済まされない。

物理的に何かが起こったことは疑いない。であれば、現場を確認しない実験物理学者はいない。私は、すぐさまＵＦＯメカ周辺の確認に動きました。

「ん!?」

見れば、ゲーム機の天井付近からＵＦＯメカに、だら～んと緩んだ状態の１本の透明なひもがついています。ひもの正確な材質は不明ですが、透明なてぐす（釣り糸）と思われます。**図表30**のように、ひもの一端は巻き上げメカにネジ止めされていて、もう一端はＵＦＯメカにネジ止めされていました。

そう、このひもは、ＵＦＯメカがフィールドまで降りないように制限するためのものだったのです。このひもを使いゲーセン側は、ＵＦＯメカがゲーセン側の意図する位置より下に降りられない状況を作り出し、ＵＦＯメカはフィールドに接地したと誤検知し、アームを閉じて上

昇する動作に移ったと思われます。

新たな「防」の登場です。

これは滑り止めを、そっとプライズの下に置く「防」とも異なります。セロハンテープでプライズの隙間を埋めるような、プライズの「防」とも大きく異なります。アームのばねの強さを自由に変えるレベルの、ゲーム機側の「防」の策と見ました。

このひもの影響は多大です。単にフィールド上の横倒しになったプライズの穴にアームを突けなくなる、だけではありません。UFOメカを使ってプライズを移動させることも、プライズを倒すことも、制限されるのです。

1本のひもの登場は、その後のクレーンゲームの作戦を大きく変えました。

私にとって、このひもは、ゲームチェンジャーになったのでした。この頃から、多くのゲーセンでナムコ社製の「クレナフレックス」というクレーンゲーム機が増え始めました。そして、UFOキャッチャー、カプリチオ、クレナのメカにゲームチェンジャーとなった1本のひもがつきはじめ、これまでの私の作戦が封じ込められることが多くなりました。私は、次第にゲーセンへ通うことがなくなり、第2次マイブームは静かに幕を閉じたのでした（2010年に鹿児島大学に着任後、新天地でこれまで以上に教育研究に力を入れたこともあります）。

・補足

現在でも、ゲーセンで「UFOキャッチャー7」や「クレナフレックス」を見かけると、どうしても1本のひもが仕掛けられていないか、確かめてしまいます。もうくせというかトラウマというか、自分でも笑っちゃうほどです。なお最新のゲーム機などでは、あのひもが無くてもゲーム機の設定で、メカが降りられる下限位置が調整されているようです。

第5章　プライズの転倒

転倒

大きさのある物体の運動は、重心の並進運動と重心周りの回転運動に分けることができます。第2章と第3章では主に並進運動に関係するトピックスを紹介しましたが、この章では物体の重心周りの回転運動の一つ、「**転倒**」について解説をします。クレーンゲームで箱型プライズを転倒させてゲットするイメージで、見ていきましょう。

図表31は、箱型プライズの転倒を横から見たときの様子です。**図表31**（a）のように、幅a、高さbの直方体のプライズがフィールドの上に置いてあります。プライズの重心Gの位置は対角線の交わる位置で、直線OA上にあります。この図では、重力は鉛直下向きにはたらいています。この状況でプライズに外力が作用しなければ、この状態を保ち続けます。

図表31（a）のような状態は、「安定」した状態と言ってもいいでしょう。または、重力によってプライズがフィールドを押す力と、フィールドがプライズを押す力（垂直抗力）が「つり合っている」とも言えます。垂直抗力は、重力の反作用で生じています。

もし何らかの力によって、フィールド上の箱の角の位置Oは変わらず、**図表31**（b）のように左側に少し傾いたとします。するとプライズは、元の**図表31**（a）の「安定」な状態に戻ろうと、角Oを回転軸として右回りに回ります。**図表31**（b）は（a）に比べて「不安定」な状態と見なせますね。

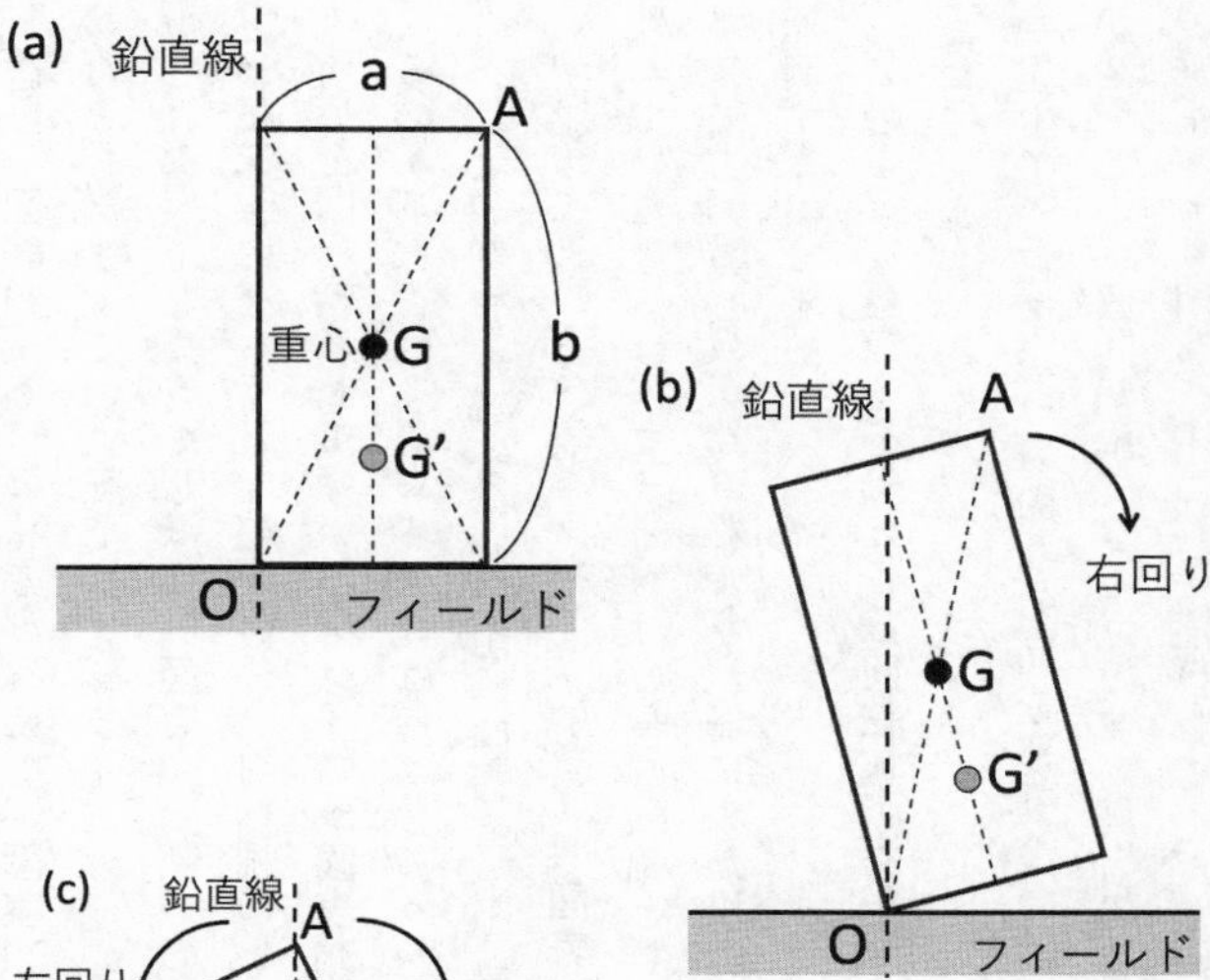

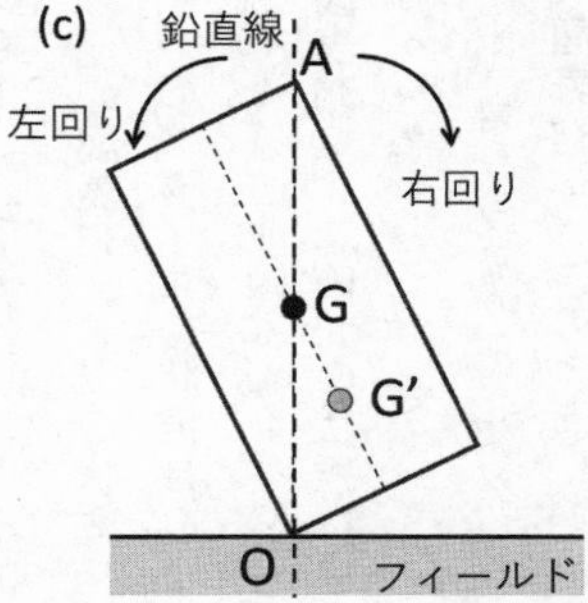

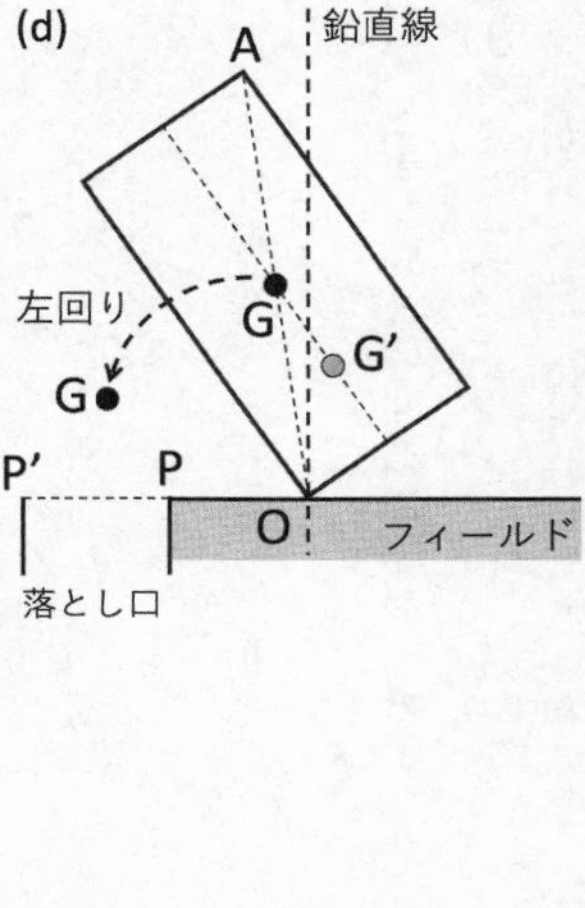

図表31　重心Gが箱の中心にあるときの転倒の様子。(a) は安定した状態。(b) は少し傾いているが (a) に戻る。(c) の状態から (d) に重心が移ると箱は転倒する

次に、図表31（c）の状態を越えて、図表31（d）のように、左側に大きく傾いた状態になったとします。この状態では、プライズは元の図表31（a）の状態に戻らず、左側に倒れて横倒しになってしまうでしょう。図表31（d）のプライズの状態は「不安定」であり、より「安定」な状態になろうと、箱の角Oを回転軸にして左回りに転倒するのです。

角Oを回転軸として傾いたプライズが図表31（a）の元の状態に戻るのか、左側に横倒しになるのか？　これを決める条件は何でしょうか？

それは、プライズの重心Gが、回転軸となるプライズの角Oから、まっすぐ上に引いた線（鉛直線）を越えるかどうか、なのです。図表31（b）のように、重心Gが鉛直線より右側に残っていたならば、プライズはOを回転軸として右回りに回転して、元の状態（a）に戻ります。一方、重心Gが鉛直線より左側に来た場合、プライズはOを回転軸として左回りに回転し、転倒するのです。

このようなOを中心軸とする回転運動を生み出しているのは、鉛直下向きにはたらく地球の「重力」です。

「先生！　転倒がOの周りの回転運動なのはわかりますが、重心周りの回転運動なんですか？」という質問が出てきそうです。読者の皆さん、図表31をもう一度ご覧ください。その際、フィールドを消して箱にだけ注目してください。図表31（a）から（d）に進むにつれ、箱の角AがGの周りで左回りに回転しているように見えませんか？　同じく箱の角Oも、Gの周りで左回りに回転していますよね。

重心の位置

さて実際のクレーンゲームでは、プライズをフィールド上で転倒させただけではプライズゲットとなりません。転倒させたあとに、プライズを落とし口に落とさなければなりませんよね。仮に落とし口の端をPやP'として、回転と落とし口の位置、重心Gについて考えてみましょう。

再び**図表31**（d）をご覧ください。もし落とし口の右端がP'にあったら、プライズはどうなるでしょう。Gが水平（x軸方向）OP'の間にありますので、プライズは落とし口に落ちないで、横倒しのままフィールドに残ります。

他方、落とし口の右端がPだったら？　プライズのGがOPより左側、すなわち、落とし口に来ますので、プライズはPの位置を回転軸に、さらに転倒して落とし口に落ち、めでたく「プライズゲット！」になることが予想されます。

では、プライズの重心がGよりも低いG'であった場合、どうなるでしょうか。この状況では、たとえプライズが**図表31**（d）まで傾いていたとしても、G'は鉛直線よりも右側にありますので、Oを回転軸に右回りをして、再び元の位置である**図表31**（a）に戻るのです。

重心が低い位置G'にあるプライズは、より大きく左側に傾けなければ、左回りして転倒しないのです。プライズの転倒を考える場合、その重心を見極めることがとても重要になります。

この転倒の物理については、私は小学校低学年の頃に祖母から聞いた言葉をいつも思い出すのです。ある秋の暖かい日、私の故郷・沖縄の柔らかくなった日差しが入る祖母の部屋で、祖母は衣替えのためか、衣類を整理していました。古いタンスの前で、祖母は私に「タンスや戸棚に物を入れるときはね、重い物を下の段に入れるのよ」と教えてくれました。明治生まれの祖母が転倒の物理を学んだとは聞いていませんが、重い物を下の段に入れて、タンスの重心をできるだけ下げた方が、転倒しにくいと知っていたのです。

私の祖母だけでなく多くの人が、棚の下の方に重い物を置き、棚の重心を下げて「安定」させ、転倒しづらくしていると思います。転倒って、身近に感じられる物理の一つです。

話をクレーンゲームに戻しましょう。

問題は、どうやってプライズを傾け、プライズの重心を、箱の角の回転軸を通る鉛直線の先に移動させるか（鉛直線を越えさせるか）、ですよね。

力のモーメント

前項で、「プライズの重心が、フィールドに接地しているプライズの角を中心軸として回転し、鉛直線を越えると転倒する」と説明しました。問題はどのように、プライズに回転運動を与えるかです。ここでは、回転運動を生じさせる力について、見ていきましょう。

クレーンゲームの中でプライズに力を与えるもの、それは①UFOメカ本体、②アーム、③シャベル（アームの先端部分）の3つしかありません。一部のゲーム機を除き、①UFOメカがz軸方向に下降するとき、②アームがx軸方向で閉じる動きをするとき、③UFOメカがz軸方向に上昇するときに、プライズに力を与えられます。

図表32は、フィールド上にプライズが置かれた様子を横から見たものです。辺OBを、プライズの1つの角Oを中心軸に左回りさせて、プライズを転倒させたい場合、一つの方策として「プライズの右側上方Aの位置に力F_Aを左向きに作用させる」というやり方が考えられます。

F_Aの大きさが十分で、かつOがフィールド上を滑らなければ、前掲した**図表31**（d）のように、重心GがOを通る鉛直線を越えて、プライズは左側に転倒します。F_Aの大きさが不十分ならば、Gが鉛直線を越えられず、元の安定な位置に戻ります。

その他の方策として、**図表32**のBの位置にアームのシャベルを入れて力F_Bで持ち上げて、プライズを左側に転倒させるやり方も考えられます。

さらに、**図表32**内の写真のようなＰＰフック（シャベルを入れる穴の開いたプラスチック板）がプライズに貼られていたのなら、ＰＰフックの（**図表32**内）Ｃの位置にシャベルを引っ掛け、アームが閉じるときの力F_CやUFOメカがz軸下方向に降りていくときの力F_Dを利用しても、プライズを左回りに転倒させる可能性がありますね。

突然ですが読者の皆さん、テーブルの上にある小さな箱を指で弾くときの箱の動きを想像してみてください。第2章で説明したように、弾く位置（力が作用する位置）の違いで、箱はテーブル上を並進運動したり、回転運動したり、その両方が起きたりしますよね。

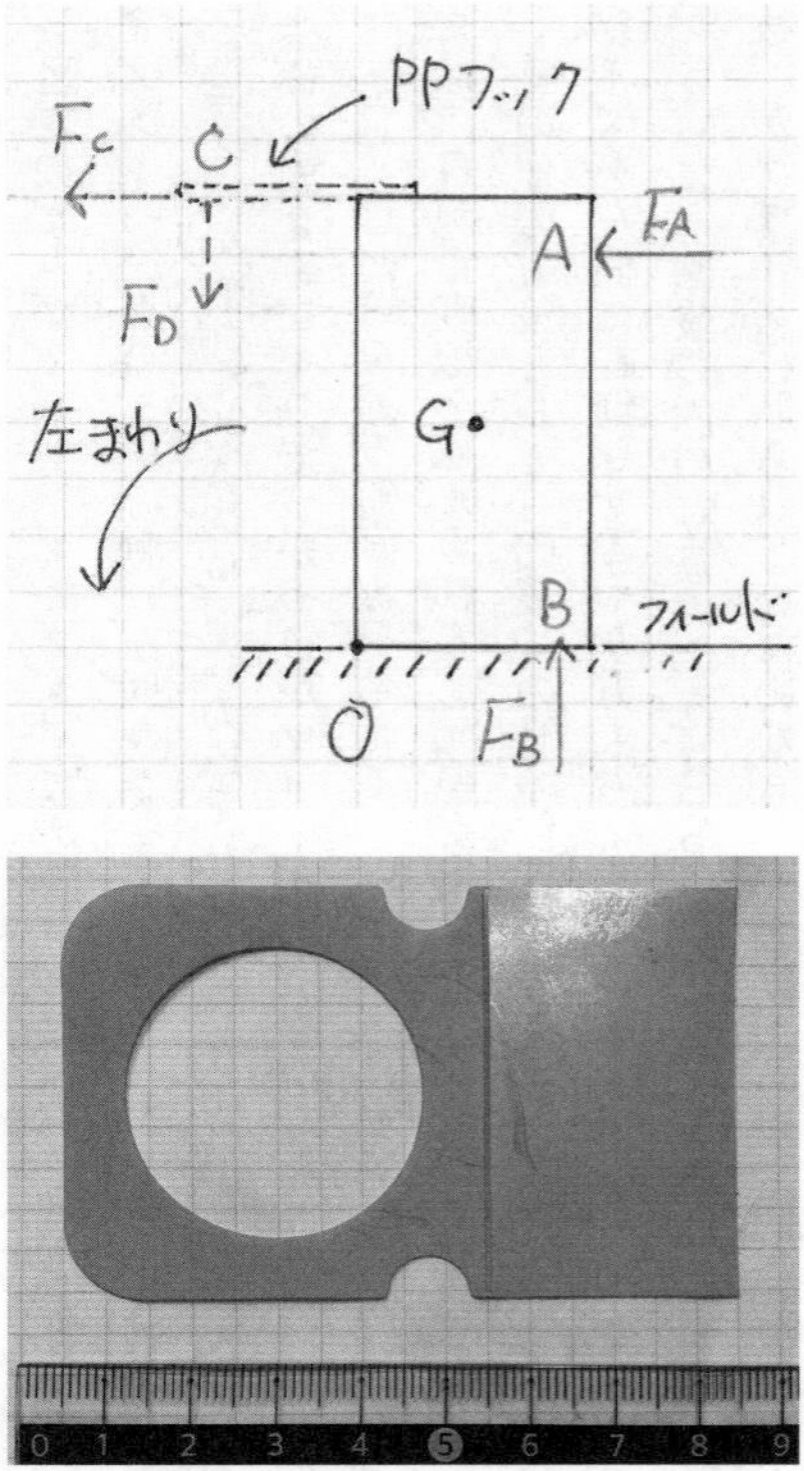

図表32　フィールド上のプライズを左回りに転倒させる力の例（上）とPPフック（下）

このように、**物体を回転（転倒も含みます）させる力のはたらきを、物理の世界では「力のモーメント」**と呼びます。

力のモーメントを、より想像がつきやすい「回転ドア」を例に説明しましょう。**図表33**（a）に、回転ドアを上から見た概略図を示します。ここでは、回転軸Oの周りに4枚のとても重いドアが角度90度おきに付けられているとします。

それぞれのドアには、Oから遠い位置Aと近い位置Bに、ドアを手で押すためのプレートが設置されているとします。できるだけ楽をして（弱い力で）ドアを回転させて通り抜けたい場合、AとBのどちらを押して、回転ドアを回すのが良いでしょうか？

私ならAを手で押して（力を与えて）、回転ドアを左回りに回して通り抜けます。Bを押すよりもAを押した方が、弱い力で済み、楽だからです。

さらに**図表33**（b）をご覧ください。Aを押して、ドアに左回りの回転を与える場合、皆さんなら図中の①、②、③のうちどの方向に力を作用させますか？

私なら②の方向に力を加えて、ドアを回転させます。ドアに対して90度の角度に力を加えた方が、やはり楽だからです。ドアを回転させるには、力の方向をドアに対して直角にした方が、弱い力で済むからです。①の方向は、②の方向より強い力が必要です。③の方向に力をかけても、ドアは回転しそうにないですよね。

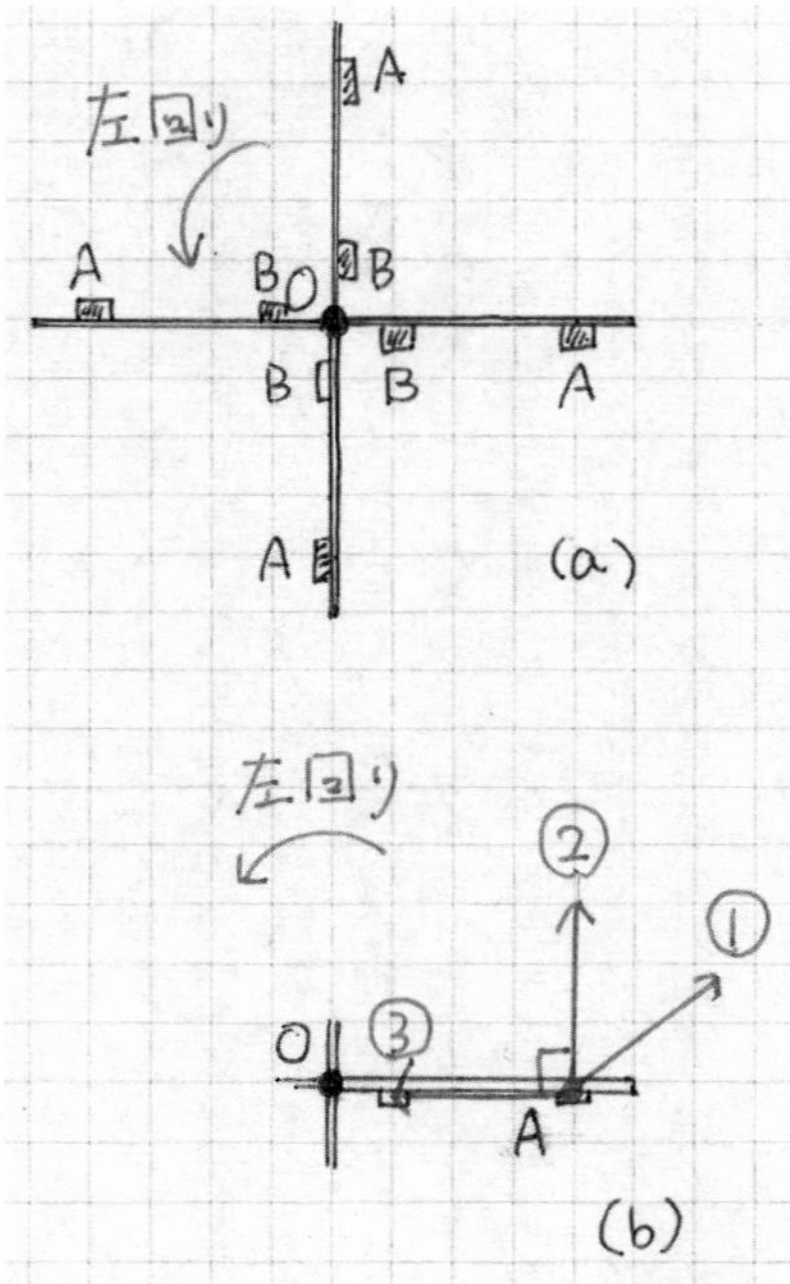

図表33　回転ドアを上から見た概略図。回転軸Oの周りには、4枚のドアが90度おきに設置されているものとする。どこに力を加えれば、楽に回転ドアを通過できるだろうか?

結局、回転ドアを楽して（弱い力で）回転させるには、回転軸から遠い位置に、ドアに対して垂直に力を作用させた方が良いことがわかります。これが、**物体を回転させようとする力のはたらき、力のモーメント**です。

図表33（b）の状態で、力が②の向きに作用しているとき、回転軸Oと力点Aとの距離を、高校の物理の教科書では「うでの長さ」ともいいます。そして、物体を回転させようとするは

たらきである**力のモーメントは、（うでの長さ）×（力）で表す**ことができます。回転ドアだけではなく、オフィスや一般家庭にある普通のドアも同じ仕組みですね。ドアノブがドアの回転軸である蝶番（ちょうつがい）から遠い位置（うでの長い位置）にあるのも、理にかなっているのです。

さて、話をプライズ（大きさのある物体）の転倒に戻しましょう。**図表32**で示したプライズの転倒も、回転運動の一つです。プライズの回転軸（1つの角）から、うでの長い位置に対し、うでの方向と垂直に力をかけることができれば、容易に（弱い力で）プライズを転倒させることができます。力のモーメントの観点からは、図中の外力F_Cを作用させた方が、Oを中心とする回転運動に有利であるといえますね。

次項では、プライズにどのような力を作用させて力のモーメントを作り出し、転倒させるのが効果的なのか、かつての私のプレイの記録などを用いて考えてみましょう。

様々なプライズの形と配置との攻防

２００６年から２００９年（第2次マイブーム）頃、私は宮城県仙台市内の複数のゲーセンで、クレーンゲームをプレイしていました。これから紹介するのはその頃の私の研究ノートをもとにした、プライズの置き方と転倒に関わる、プライズの重心と支点、力点についての考察です。

落とし口側に出ているプラスチックリング

ある日、あるゲーセンでのこと。クレーンゲームのプライズとして、人気のキャラクターの顔をしたチョコレートが4個1セットで透明な袋に入って置かれていました。袋の口には、プラスチックリング（**図表34内写真**）がひもで結ばれています。

このプライズはフィールド上にありましたが、袋の口の部分がパーティション（間仕切りの板です）の上に載っており、プラスチックリングは落とし口側に出ていました。**図表34上図**はその様子を真上から見たもので、同下図は真横から見たものになります。この図でパーティションとプライズの接している点をOとしたとき、この状態のプライズの重心Gは右側のフィールド上にあり、安定しているといえます。

ここからどのようにして、プライズを落とし口に移動させましょう？　今回はUFOメカが下降する動きを利用して、落とし口に落とす方法でやってみます。

ポイントはUFOメカの下降時に、開いている右アーム先端のシャベルをプラスチックリングに入れることです。うまく入れば、そのままUFOメカはz軸方向下向きに最下点位置まで降りていき、プラスチックリングに下向きの力Fが作用し、プライズは引きずられるようにして落とし口に落ちていきます。一度でうまくいかない場合でも、少しずつでも、プライズのGをOよりも左側（落とし口側）にすることができれば、プライズは自然と落とし口側に転倒しますから、プライズゲットとなります。

２０２４年の今でも、**図表34**のような配置のプライズを見かけますが、前章で紹介したようにＵＦＯメカにひもがついていたり、ゲーム機の設定でＵＦＯメカが下降する下限が決められていたりすることが多いです（例外はあります）。そのため、この手のタイプのプライズに対して現在では、アームの閉じる力とＵＦＯメカが上昇する際の引っ張り上げる力で、プライズを

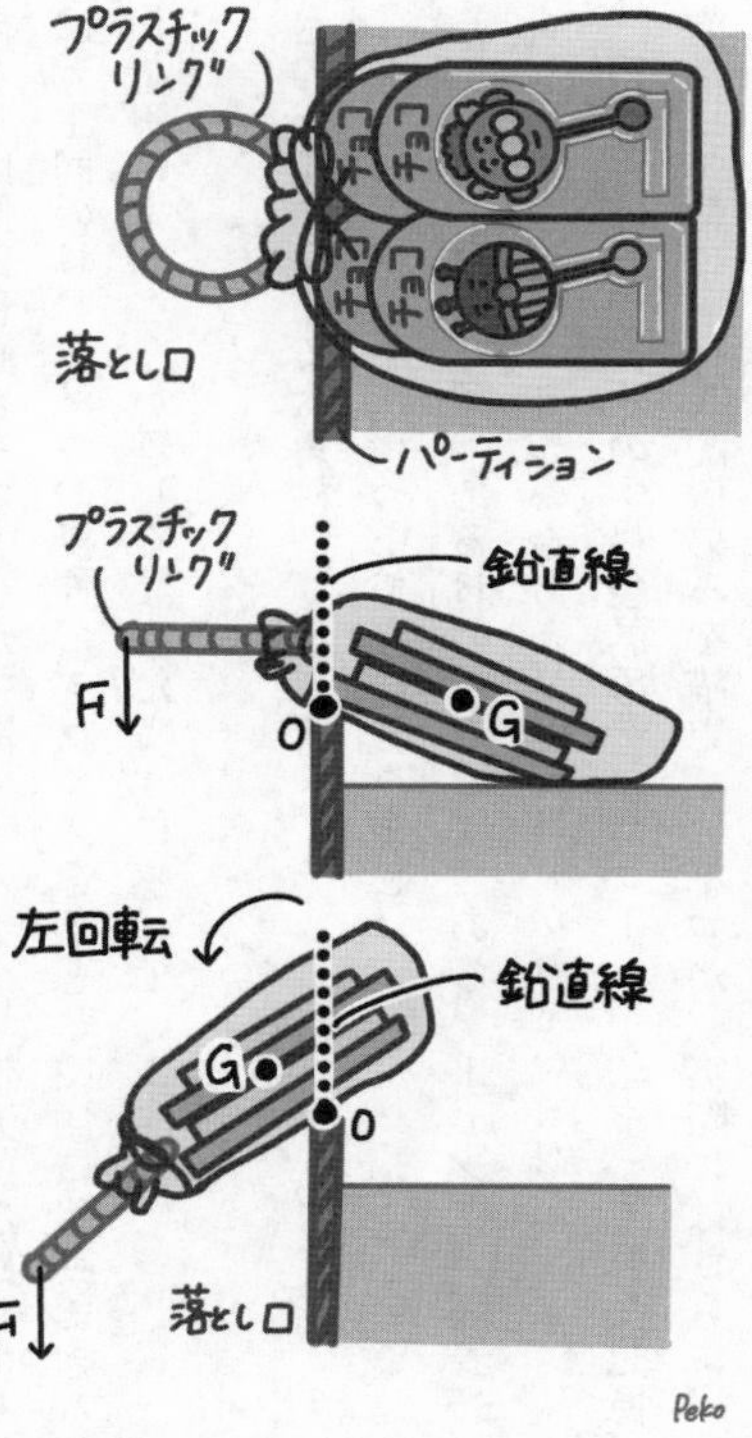

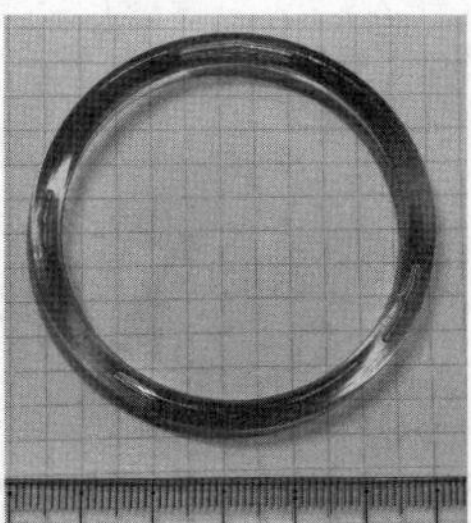

図表34　プラスチックリングが落とし口側に出ている設定。転倒を利用してゲットする。写真は2023年に、実際にプライズについていたプラスチックリング

落とし口側に移動させる方法が主流のようです。個人的な感覚でも、2006年頃に比べて今は、1回のUFOメカの操作でプライズを落とし口側に移動できる距離が短くなり、GをOより左側にすることが難しくなったように感じています。

台の上に鎮座する六角柱型プライズ

別の形のプライズについても見てみましょう。

これも2006年のある日のことです。あるゲーセンに、**図表35**（a）のような六角柱型のプライズの箱が、2つの台LとMの上に置かれていました。

箱の色は赤で、その中に袋詰めチョコレートが詰まっていた記憶があります。**図表35**では、簡単にy軸に平行な配置のみを描いていますが、実際にはさらに、x軸に平行に配置されたプライズもありました。また、台LとMも同じ六角柱型プライズでした。**図表35**（b）は、その様子を横から見たものです。2つの台（LとM）は正面から見たとき横向きに、x軸方向に平行に置かれていました。ここでは図中のGの位置に重心があったと仮定しましょう。

このプライズを、UFOメカの操作とアームの動作で落とし口まで近づけて、**図表35**（c）のようになったとします。プライズの右端は台Mにかろうじて載っている程度で、全体に左側に寄り、プライズの左端は落とし口にかかっている状態です。

ここで考えるべきは、台Lの角Pを支点として、Pを通る鉛直線より左側にGを寄せる方法です。これができれば、プライズの箱はPを中心に左回りに転倒し、落とし口へ。プライズゲットとなります。

GをP上の鉛直線より左側に移動させるには、どうすればいいでしょう？　作戦の一つとして、**図表35**（c）のように、UFOメカやシャベルでプライズの左端を下向きに押す（つまり、

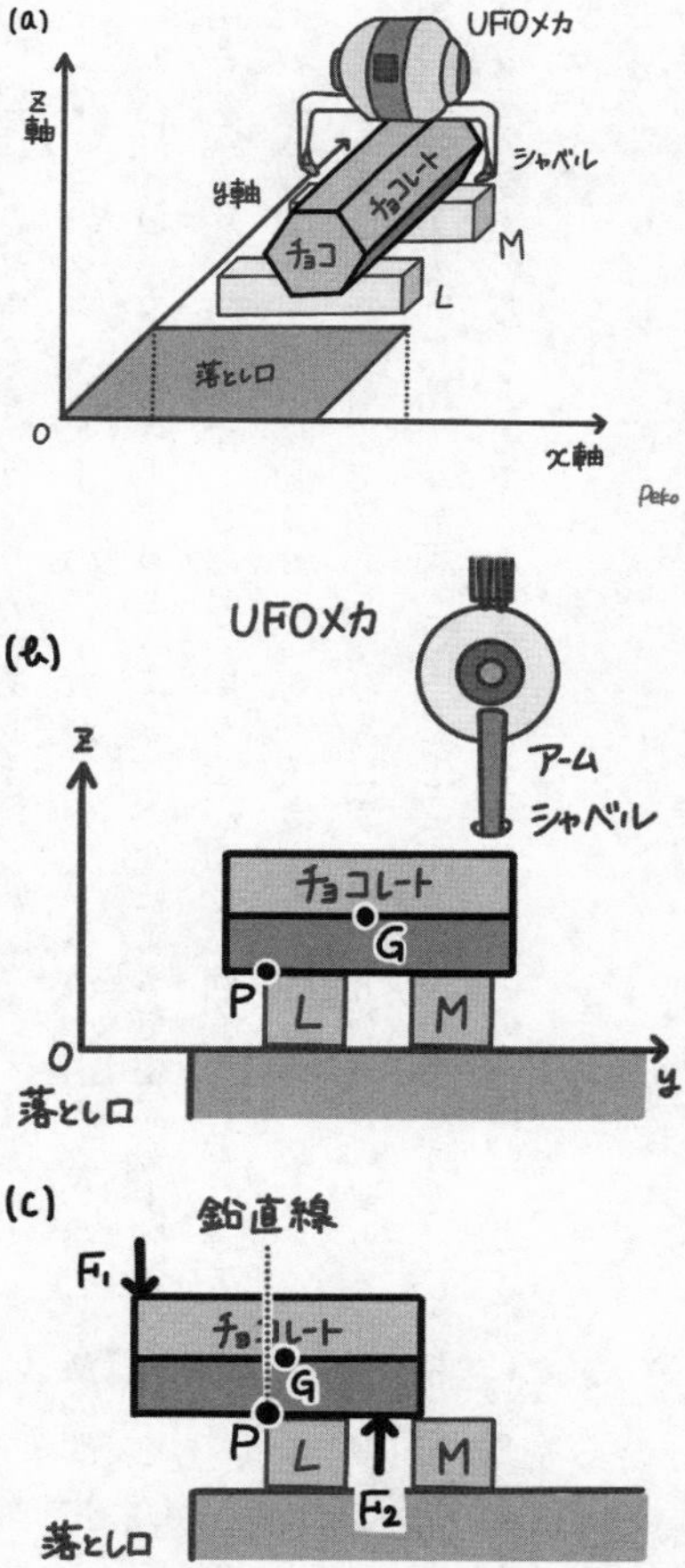

図表35　六角柱型プライズ(a)と2つの台。(b)(c)は横から見た図。落とし口はゲーム機の正面手前（図内左側）に広く設けられている

力F_1を作用させる）というやり方があります。

また、このクレーンゲームのアームが十分大きいのであれば、台LとMの間にシャベルを入れて、UFOメカが引き上がるときにシャベルによって生じる上向きの力F_2を、プライズに作用させる方法もあります。GはPの周りを左回りに回転するでしょうから、その結果、GをP上の鉛直線より左側に移動させることができそうです。

しかしここでも、前章で紹介したひもによってUFOメカの降りる位置が制限されていると、箱の左側を下方向にF_1で十分押し込むこともできなくなりますし、F_2を使って箱の右側を（Gより）引き上げることもできなくなります。GをP上の鉛直線より左側に移動することが難しくなります。

2つの筒型のプライズ

図表36のようなプライズの設定だったらどうでしょう。これは最近、実際に経験した設定です。

細長い筒型のプライズ②がフィールド上に立ててあって、その上に同じ細長い筒型のプライズ①が載せてあります。よく見るとプライズ①の落とし口側の端（図中左端）は、落とし口よりも前に来ています。プライズ①は今にも落ちそうですが、安定してプライズ②の上に載っています。

つまり、プライズ①の重心Gはプライズ②の上面の範囲内にあることが予想されます。

一見すると今にも落ちそうで「ラッキー」と思わせ、つい100円硬貨を投入したくなる設定です。「これって、上に載っているプライズ①の前方（図中左端）を、下向きに押すだけでいいじゃん」と思ってしまいます。実際に私は、このような状況をよく検討もせず「ラッキー」と思って、何枚もの（つまり1度ではなく何度も）100円硬貨を投入してしまいました。

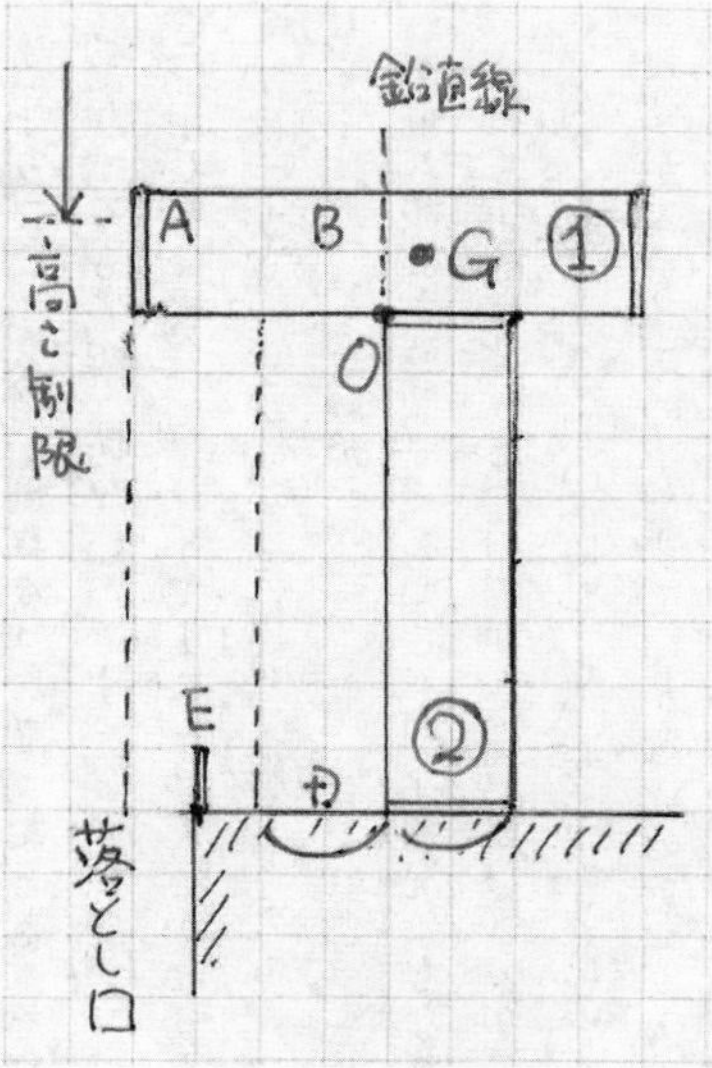

図表36　細長い筒型プライズの上に、同じ筒型のプライズを載せている

本当、プレイヤーの心をくすぐる設定です。

さあ、**図表36**をもう一度よく見てください。

プライズ②の左側の空間（図中D部分）には、プライズ②がもう1つ入れそうな空きスペースがありますよね。そして私にとって状況はさらに悪く、プライズ②の右側には何もありません。

つまりプライズ②が倒れそうになったとき、それを支えたり、転倒や移動を防ぐはたらきをしたりするものが一切ないのです。この状況でフィールドとプライズ②の間の摩擦力がそれほど作用しない場合、プレイヤーにとって、かなり不利になります。プライズ①を落とし口に落とすはずが、プライズ②が倒れて終わったり、プライズ②ごと後ろ側に移動して終わったり……(いずれも経験済みです)。

ゲーム機によっては、もっと不利な状況にもなりえます。

これも実際に体験したのですが、UFOメカがフィールドに向かって降りてくるときの高さ(つまり下降する下限の位置)が、ゲーセン側の設定で制限されていたのです！　そもそもシャベルがプライズの下部まで届かないのです。もう、「事前に教えてくれよ！」と叫びたくなりました。これではプライズ①の後側を持ち上げることもできません。

ここで、どうしてもプライズをゲットしたいのなら、UFOメカのアームについているシャベルでプライズの上部を押し、下向きの力を作用させる作戦を選択せざるを得ません。ですがこの選択も、実は厳しいものになります(経験済みです)。

もう一度**図表36**を確認しましょう(特に重心の位置！)。

プライズ①の落とし口付近のAに、UFOメカのアーム先端についているシャベルを用いて下向きの力を作用させても、Aは支点Oの鉛直線から遠いため、プライズ①はそれほど傾きません。プライズ①の重心GはO上の鉛直線を左側に越えることはなく、左側に転倒せず、ちょっとくらい傾いても、また元の安定な位置（初期の状態）に戻ることが予想されるのです。

ここでよく状況を検討しないと、「プライズ①のOに近いBに、シャベルで下向きの力を与えれば、プライズ①が大きく傾き、GがO上の鉛直線を越えて、Oを支点に転倒するかも」と思って100円硬貨をゲーム機に投入してしまいます。てこの原理だけで考えて、「多分、いい押しどころがあるんじゃないか？」と思ってしまうのです（私のことです）。

これがトラップ、相手の思うツボ。ある意味「やられた～」と笑ってしまう設定です。私など深く物理を考えずにプレイして、何度、苦笑いしたことか。

よくよく考えましょう。プライズ①のOに近いBに、シャベルで下向きの力を与えて、プライズ①が大きく傾いたとき、プライズ①の左端が、落とし口前のパーティションEとプライズ②の間に来てしまったら？　そう、プライズ①は落とし口には落ちず、フィールドのD付近に立ってしまうことが予想されるのです。

予想されるというよりは、私、やっちまいました。物理から検討すべきこれらのリスクの、検討を忘れていたのです。クレーンゲーム機の前に立つと冷静でいることは、難しいですね。

撃力で綾波レイを倒す

2006年頃に体験した、プライズの転倒に関わるエピソードをもう1つ紹介します。それは、前掲した図表32のような縦長の箱型プライズを狙ったときのことでした。

当時の私のノートには、クレーンゲーム機の明記はなかったのですが、ノートに残されたUFOメカの図から、「カプリチオ G-One」と推定されます。私のメモでは、「エバフィギュア」と記述されていましたので、多分、「綾波レイ」のフィギュアだと思います。

メモの図によると、箱の上部（落とし口側）にPPフックが貼られており、UFOメカのアームをPPフックの穴に引っ掛けて、落とし口に持ってくる……、という設定だったようです。PPフックが貼られていたことから、箱型プライズの側面にはホールも開けられていなかったと推測されます。

当時の私は、このプライズの右側面付近にUFOメカを下降させています（メモによるとUFOメカはフィールドに接地）。その後、UFOメカが上昇するときの振動で、プライズの右側面上方（前掲した図表32のA位置に相当）を水平方向にたたいて（図表32のF_Aに相当）、プライズを倒しています。

一般にUFOメカは金属製ワイヤーでz軸方向に吊り下げられており、支えのパイプはありますが、メカを引き上げる際に多少の振動を伴います。特に「カプリチオ G-One」は、引き上げ時にメカがゆらゆらと動きやすい作りと感じていました。ジョイスティックの動かし方によっては、首振り人形のように、よくUFOメカが振動していました。

当時のメモにはUFOメカの揺れの原因は記されておらず、詳細は不明ですが、その振れによって**図表37**のように、UFOメカがプライズの側面上方付近を「たたき」、落とし口にプライズが転倒して、当時の私は綾波レイのフィギュアをゲットしたようです。

今、「たたき」という言葉を使いましたが、これは野球などで、ピッチャーが投げたボールをバッターがバットで「たたいた」「打った」と表すのと同じ意味です。

つまり「非常に短い時間だけ、力がはたらいた」ということです。このときの力を図表に示すと、**図表32**のF_Aになります。この「**非常に短い時間だけはたらく力**」を物理では、「撃力」といいます。

綾波レイのフィギュアゲットの工程を物理用語を使って説明すると、次のようになります。

「UFOメカの振動の振れ幅を利用し、プライズ上部に撃力F_Aを与えた。その結果、力のモーメントを生じさせ、プライズの重心Gが支点Oより左側に移ったことによって、プライズは左側に転倒した」。

なお**図表37**の写真は当時の様子を再現したものです。上写真はプライズに撃力を与えた瞬間、下写真はプライズの重心が支点を越えて左側に移る直前になります。その後、プライズは左側

図表37　フィールドに置かれたプライズをUFOメカからの撃力で左回りに転倒させる

に転倒しました。

力のモーメントと転倒は、今でもプライズゲットに使えそうですよね。

センター入試にも出た

ところで、ここで説明したプライズの転倒問題は、２０１６年の大学入試センター試験物理追試験で出題されています。少々、難しいのですが、入試問題をクレーンゲームの設定に置き換えて紹介してみましょう。
センター試験では、次のように出題されていました。

【問4】図3（著者注：本書内**図表38**）のように、直径a、高さbの円柱をあらい板の上に置き、板の一端をゆっくり持ち上げる。このとき、円柱が滑らずに転倒する条件として最も適当なものを、下の①〜⑥のうちから一つ選べ。ただし、円柱と板の間の静止摩擦係数をμとし、円柱の密度は一様であるものとする。

答えは、「a＜μb」となります（実際の試験では選択肢①〜⑥から解答を選びます）。
この問題設定は、クレーンゲームを用いると次のようになります。

【問】**図表39**のように、チョコレートのいっぱい入った直径a、高さbの円柱状のプライズをあらい板の

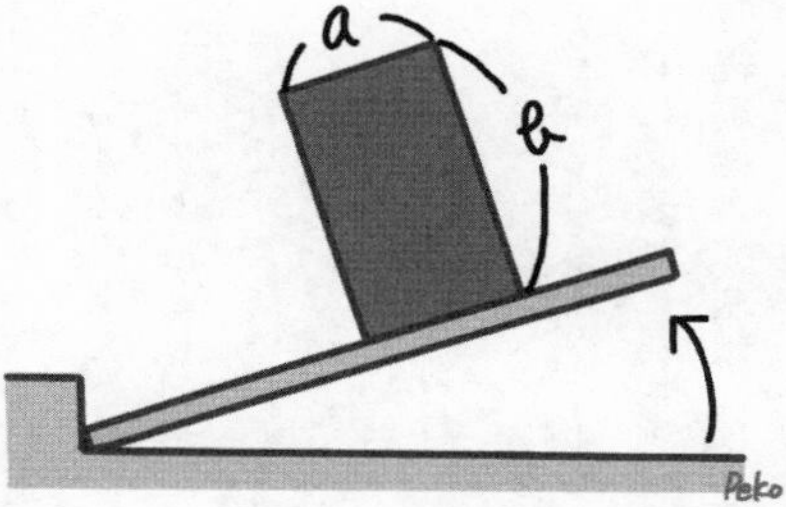

図表38　2016年大学入試センター試験物理追試験をもとに製図

上に置き、板の右端をＵＦＯメカのアームで支える。ＵＦＯメカが鉛直線上を静かに上昇することで、板の右端はゆっくりと持ち上がっていった。なお、板の左端側にはプライズの落とし口がある。このとき、プライズが滑らずに転倒し、プライズゲットする条件を求めよ。ただし、プライズと板の間の静止摩擦係数をμとし、プライズの密度は一様である。また、ＵＦＯメカのアームはプライズが転倒するまで上昇途中で開いたり、板から外れたりしない。

どうでしょうか？　センター試験問題と同じ設定ですよね。

さらに**図表39**にあるように、重心Ｇ及び支点Ｏを確認しましょう。そうです。ＧがＯを通る鉛直線を越えて左側に移動すれば、プライズはＯを中心に左回りに回転し、左側に転倒、無事プライズゲットになる段取りの問題ですね。

次に、本書風に解答例を示しましょう。

【本書風　解答例】

プライズはチョコレートがめいっぱい詰まっていて、その密度は一様である。よって、図表39の断面図で対角線の交わる位置が重心Gとなる。プライズが縦に細長い形（a／bが小さい）ほど、Gの位置が高くなり、小さい板の傾きでもGが鉛直線を越えて、左側に転倒することが予想される（著者注：ここまで、この本にお付き合いいただいた読者の皆さんはお気づきと思います）。

逆に、プライズが平べったい形（a／bが大きい）のものほど、Gの位置が低くなり、より大きく板を傾けなければならない。

板を大きく傾ければ傾けるほど、プライズは板上を滑りやすくなる。その滑りを抑えるためには、プライズと板との間にはたらく最大静止摩擦力を大きくしなければならない。

つまり、より大きな静止摩擦係数のμが必要となる（著者注：そう、憎きラバーシートを、プライズと

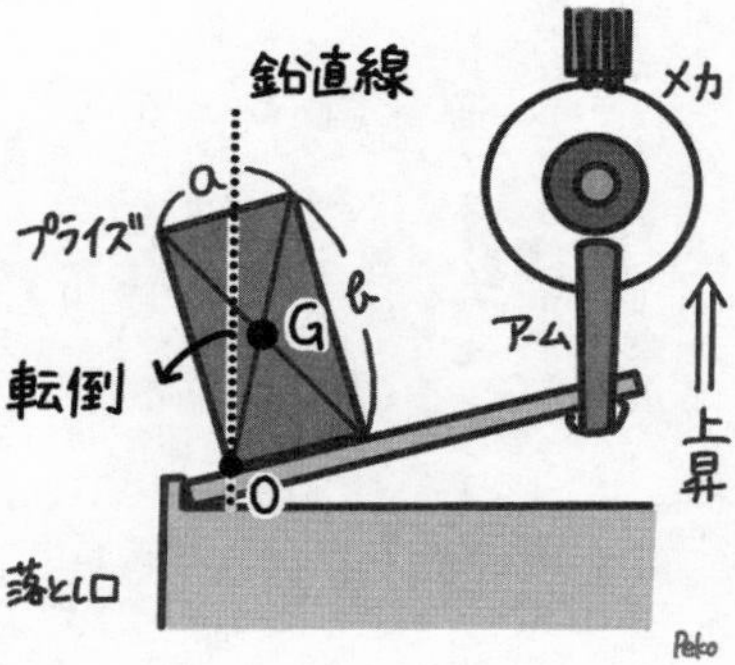

図表39　センター試験をもとにしたプライズの転倒問題

板の間に忍ばせて、大きなμを作り出す必要があります）。

以上の考察から、プライズを滑らずに転倒するには、μとa/bの大小関係を考えれば良い。つまり、μがa／bよりも十分に大きければ、板を傾けていく過程で、プライズが滑る前に転倒する。

よって答えは、μ＞a/b。すなわち、a＜μbである。

共通テストやセンター試験の過去問集やインターネットで物理の解説記事を読むと、三角関数sin、cosにルートまで使った、かなり難しい計算でa＜μbの答えを導いています。しかし、皆さん何と素晴らしいことでしょう、クレーンゲームのプライズやタンスの転倒の仕組み（物理）を知っていれば、簡単に答えの「予想」がつきますね。

※注意！

選択肢が与えられて、その番号を答えるのみの方式なら、上記の本書風解答例の考え方で計算するより短時間に正解を「予想」することはできます。しかし、記述式解答の場合は、プライズ云々で解答した本書風解答例で、満点が取れるとは限りませんので注意してください。物理の教科書を例にして、解答を作成してください。

少なくとも入試の答案では、「プライズはチョコレートがめいっぱい詰まっていて」の文言は不要ですね。

第6章　クレーンゲームのポテンシャル

クレーンゲームの取り出し口はなぜ閉じる？

休日の昼下がりに、ゲーセンのクレーンゲーム付近でよく見かけるのが親子連れです。

小さな子がお父さんやお母さんに「（プライズを）取って！」とねだっている様子は、見ていてほのぼのします。大人がＵＦＯメカを操作している様子を、子どもが下から見上げるようにして精一杯応援している姿もかわいらしいですね。元気なお子さんだと、大人の側でぴょんぴょん跳びながらプライズゲットを心待ちにしている姿もよく見られます。

さて、お父さんやお母さんが見事、お目当てのプライズをゲットしたとわかると、どの子も一目散にゲーム機下部にあるプライズ取り出し口に近づき、その透明な扉を勢いよく押し開けて、欲しかったプライズを引っ張り出します。プライズが大きいぬいぐるみのときなどは簡単に取り出せず、綱引きで綱を思いっきり引っ張るように全身を使って、プライズを引き出しています。無事、手に入れられたときには満面の笑み。プライズを抱えた子どもたちの笑顔を見ると、私も思わず、笑みがこぼれます。

プライズゲットの際に、子どもたちだけでなく私たちも、ほぼ全員が必ずやる動作があります。それはプライズを取り出すために、「落とし口の透明な扉を押し開ける」ことです。開けるだけで、特に閉める動作は行いません。プライズを取り出した後に、わざわざ扉を元の位置に戻すことはしませんよね。通常、この扉は自動ドアでもないのに、ひとりでに元の位置に戻り閉じます。これ、考えてみればよくできていますよね。

実は私は、この本を書くまで、クレーンゲームの取り出し口について考察したことがありませんでした。それよりもプライズゲットを優先させていました。ところが本書の執筆をきっかけに、クレーンゲームの取り出し口にも目を向けたところ、これがとても面白いのです。

本章ではNHKの人気番組でおなじみ〝永遠の5歳児〟が言うような「ねぇねぇ、クレーンゲームのプライズ取り出し口の扉は、なぜ、自動ドアでもないのに、ひとりでに閉じるの？」というシンプルな問いを立てて、クレーンゲームの扉がひとりでに閉じる仕組みと、関連事項について物理学的な考察を広げてみたいと思います。

扉とポテンシャルエネルギー

図表40に、クレーンゲームの取り出し口付近を横から見たときの断面概略図を示します。（a）と（b）ともに、図の左側から手を入れ扉を押し開け、プライズを取り出す仕組みです。扉の上部には蝶番があり、これを支点（O）に扉が開閉します。図中（a）は扉が閉じた状態で、（b）は扉が開いた状態です。図の左側から手を突っ込むと、蝶番（O）を支点に扉が上奥に向かって90度前後回転し、扉が開きます。

図表40（a）と（b）とを見比べてください。扉の重心Gに重力Fが作用しているとすると、

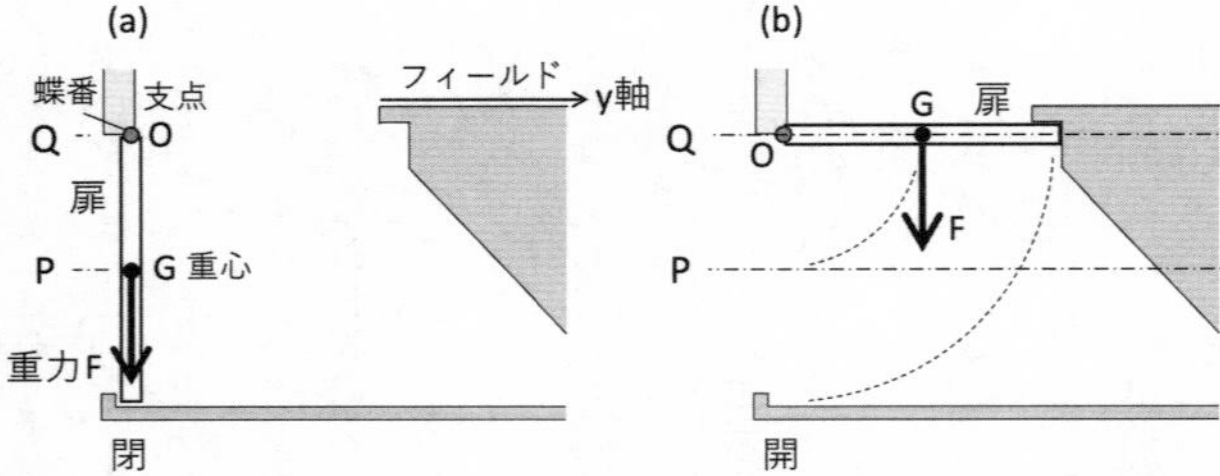

図表40 クレーンゲーム機の落とし口付近の横から見た断面概略図。扉が閉じた状態(a)と開いた状態(b)

（b）の扉が開いている状態は、扉のうでOGと重力Fが垂直になっているので、扉を図中右回りに回転させようとする力のモーメントのはたらきが大きい状態です。（b）の状態なら、扉は勢いよく閉じるのです。

一方、（a）の閉じた状態では、Gに作用するFは、うでOGと平行になっているので、扉に力のモーメントは生じません。扉は閉じたままで回転運動は生じず、安定になって静止しています。

再び〝永遠の5歳児〟のような言い方をすれば、「クレーンゲームのプライズ取り出し口の扉が、ひとりでに閉じるのは……、地球が扉を地面に引っ張っているから〜」となります。

重力の作用で、扉が閉じているのです。それならば微小重力下（いわゆる無重力状態）の宇宙ステーションでは、クレーンゲームのこの扉はひとりでに閉まらないことにもなります。

さらにもう1つ、面白いことがわかります。**図表40**をもう一度ご覧ください。扉の重心Gは、閉じているときの方が、開いているときよりもより低い位置にあります。プライズも高いところから、より低い地面に向かって落下しますよね。大自然の中の水も、高い山側から低い海に向かって流れていきます。物体を落とす位置が地面から高ければ高いほど、地面に衝突する際のエネルギーは大きくなります。このエネルギーをうまく使えば、地面に大きな杭を打つなどの仕事をさせることも可能でしょう。

重力のはたらく空間では、**質量（重さ）のある物体を基準点A（地面）から、ある高さの位置Bに持ち上げる仕事をすれば、Bに位置する物体には基準点Aで仕事をする潜在的能力（ポテンシャル）が蓄えられる（物体が仕事をする能力を持つ）**と見ることができます。いわゆる、**ポテンシャルエネルギー**と呼ばれるものです。位置エネルギーとも言いますね。

図表40（a）の重心Gの高さをPとし、Pを基準点としたとき、（b）の状態ではGはPより高所のQの位置にあるので、ポテンシャルエネルギーが高く、それを下げるように運動し扉を閉じる、と見ることができます。もし（b）の状態で蝶番が壊れてしまったら、扉はポテンシャルエネルギーを下げようと、鉛直下向きに落下することでしょう。蝶番が正常に機能していれば、重力によって扉はポテンシャルエネルギーを下げようと支点Oを軸に回転し、閉じるのです。重力（ポテンシャル）を使った扉の回転運動ですね。プライズがアームから離れて上か

ら下に落ちるのも、ポテンシャルエネルギーを下げようと落ちている、といえます。

これらを物理の授業風に表現すると「重力のはたらく空間（重力場）で、物体はポテンシャルエネルギーを下げるように運動する」となります。

同じことをクレーンゲームに絡めて言うなら、「地上のクレーンゲーム機で、UFOメカが持ち上げたプライズは、必ず落下し、ゲットされるポテンシャルを持っている」となるでしょうか。プレイヤーの私には励ましの言葉のようです。

次項では、私たちが生活する重力場での物理を、もう少し詳しく見ていきましょう。

スイングドア

図表41（a）をご覧ください。（a）はクレーンゲーム機の落とし口の扉を正面から見たときの概略図です。重力は、図中矢印の鉛直下向きにはたらいているとします。なお、これを横から見た断面図が、前掲した**図表40**（a）でした。
この扉の上部AとBの2カ所には蝶番が付いており、扉の重心をGとします。扉が閉じたときのGの高さはPの位置にあります。このとき、水平方向からの傾きは0度とします。要は、2つの蝶番がちゃんと同じ高さについていて、扉が傾いていない、立て付けの良い状態ですね。**図表41**（a）がまさにそうです。

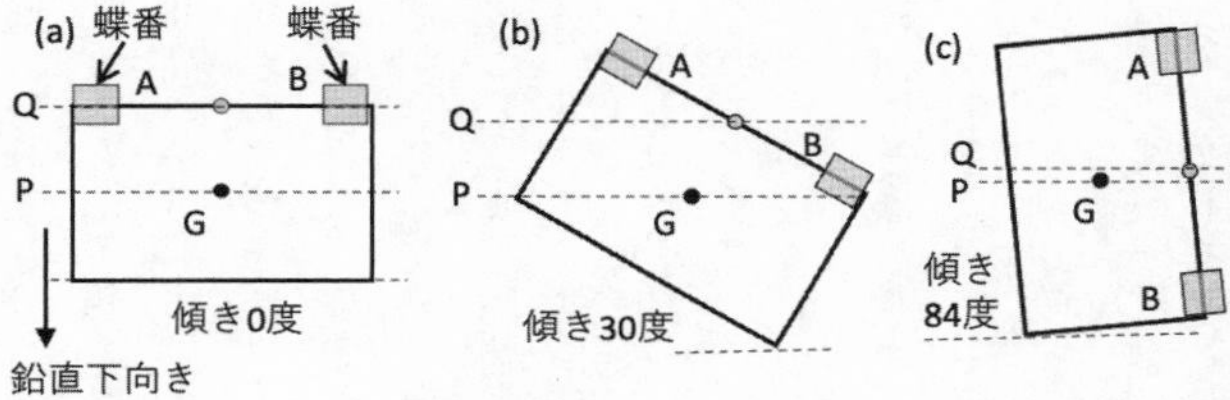

図表41　クレーンゲーム機の落とし口扉の正面からの概略図(a)。扉を約30度傾けたとき(b)、扉を約84度傾けたとき(c)。図中のAとBは蝶番

今、プライズゲットをして、この落とし口の扉を手前から奥方向に、手で力を与えてABを軸に90度押し開けた、とイメージしてください。その様子を横から見た断面図が前掲の**図表40**（b）でした。このときの扉の重心GはQの位置になっていますね。

QはPよりも高い位置で、地上では物体（の重心）は高い位置から低い位置に落ちる運動をします。押し開けた手からの力を取り除くと、扉のGがQの高さからより低い位置になるように、扉は閉じ始めます。GがPの位置にきて扉が完全に閉じたときが、最も安定した状態となります。物理学では、QとPの位置（高さ）を比較して「高さPのポテンシャルエネルギーは、高さQの場合よりも低い」とも言います。この扉の開閉でGのポテンシャルエネルギーが最も低いのは、扉が閉じた状態です。重力がはたらいている地上では、物体はポテンシャルエネルギーのより低い方に運動するのです。

ではこの扉を、**図表41**（b）のように、水平方向から約30度

傾けてみましょう。この状態でも、ABを軸に扉を押し開けて手を離すと、扉はひとりでに閉じることが予想されます。なぜなら押し開けた状態のGの位置は、閉じた状態のGの位置Pより高いからです。重力によって、ポテンシャルエネルギーが低くなるように、扉は閉じます。

さらに扉を傾けてみましょう。水平方向から約84度傾けた状態が**図表41**（c）になります。この場合も、扉を押し開けた状態のGは、わずかですが閉じた状態のGの位置Pより高い状態です。そのため、最もGが低い位置Pにくるように、扉は閉じます。

もし（a）の状態から、きっちり90度傾けた扉であった場合、扉が閉じたときのGの高さは扉が開いた状態と同じになるので、（a）から（c）のように扉がひとりでに閉じることはないでしょう。扉は、ポテンシャルエネルギーを下げることができず、ひとりでに閉じることはないのです。

ところで（c）の形の扉、私たちの身近な場所で見ることができるのですが、どこかで見かけたことはありませんか？　ヒントはスーパーの店内。

……そうです、お惣菜売り場付近などにある、バックヤードと売り場との出入り口です。このような少し傾いた扉が左右2枚、両扉になっています。ほんの少し傾いているだけなのでよく見ないと気づきませんが、この傾きがあるため、自然と閉まるようになっています。

インターネットで調べると、このようなドアを「スイングドア」と呼ぶようです。その昔、初めてスイングドアをスーパーで見かけて仕組みに気づいたとき、私はとても感心しました。「これぞ、ポテンシャルエネルギーの活用、重力を使った回転運動だ！」と。

直方体をスイングさせる

回転軸を鉛直方向より少し傾ければ、重力で、物体はまさにスイングするように行ったり来たり回転することもできそうです。**図表42-1**の（a）のように、直方体の物体が地上で安定に静止していても、（b）のように、直方体の底面の4角のうち1つの角Aを地面につけたまま、残りの3つの角を浮かせて傾けると、物体の重心Gは静止のときより高くなり、物体は重心を下げるように運動するはずです。

図表42-2の（a）に示した図は、重心Gを下げるように、回転運動しそうですね。このときの回転軸は、直方体の地面に接しているAを含む軸です。

このように、3つの角を浮かせたような経験、読者の皆さんはありませんか？

私はあります。例えば部屋の模様替えのとき、タンスや本棚など1人で持ち上げることができない重い直方体の物体を移動させる手段として、上述の物理を用いた経験があります。

直方体のタンスを**図表42-2**（a）のように、床についている4角のうち左手前の角Aを床につけたまま、残りの3角を少し浮かすように、バランスに注意して傾けます。するとタンスの重心Gはほんの少し上がり、ポテンシャルエネルギーがほんの少し増加して、タンスは不安定な状態になります。次に、床に接地している角Aをそのまま支点にし、手前方向にほんの少しタンスを傾けると、右手前の角Bが、スイングするように前に出てきます（危ないので、引き出しと中身は予め、外に出しておきましょう）。

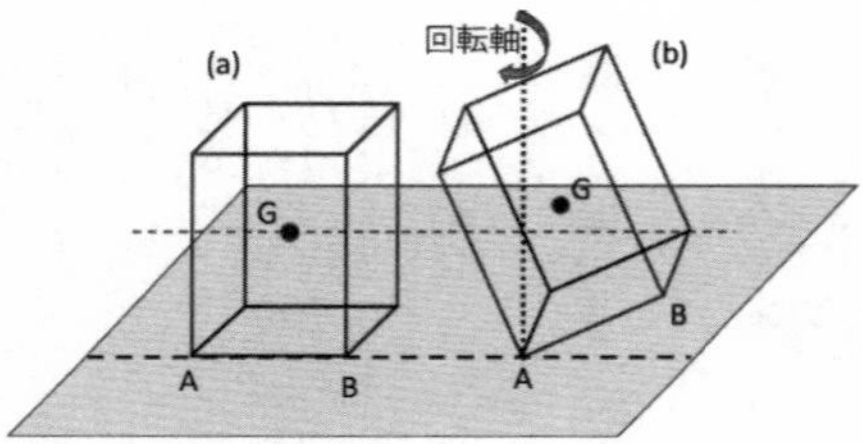

図表42-1　直方体を傾けながら手前に

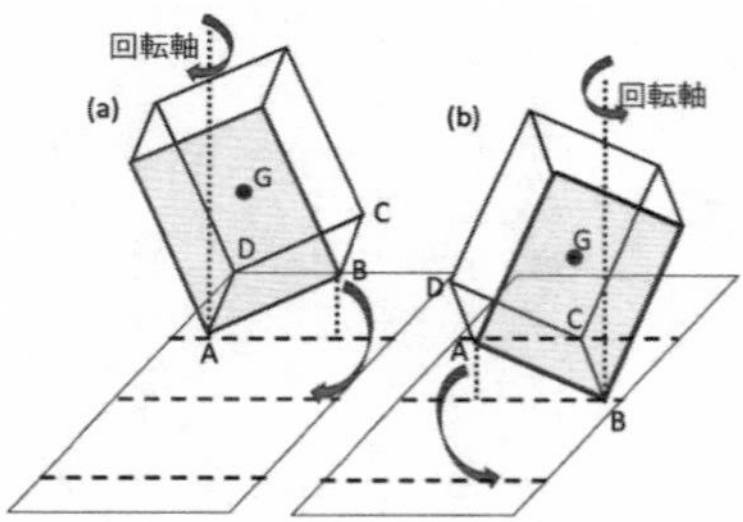

図表42-2　直方体も角Aや角Bを含む軸を中心に回転運動する

先ほどのスイングドアのように、Aを含む回転軸周りの回転によってタンスが前に出てきたのです。角Bが床に接触して止まるまで、タンスは前に出てきます。このとき角Aは初めの位置のままで、角Bが前に出ている状態です。

今度は、図表42-2（b）のように、右手前の角Bを床につけたまま、その他の3角をバランス良く浮かして同様の操作をします。すると今度は、角Aが前に出てきます。

これを繰り返すことで、左右交互に少しずつ、重いタンスを前に移動させることができます。これも、重力を使った回転運動の利用の一つですね。

ここで念のため、注意です。

今、お伝えしたタンスの動かし方は、危ないですから、実際に重いタンスなどで実践しないでください。バランスを崩して下敷きになって、大怪我をするなど、取り返しのつかない事になるのが心配です。本書の文章で、イメージするにとどめて頂ければと思います。

プライズを動かす「突き回し」

その代わりと言ってはなんですが、本書らしく、次のような実験をしてみました。図表43をご覧ください。２００6年にゲットした箱型プライズを使った実験です。プライズ正面の中央やや下に、★印をつけていますが、この奥にプライズの重心があります。

図表43（a）の写真は、プライズの手前側にある右角上面を、棒で手際よく押し、手前側の左角を前に出す途中の様子です。右角上面を押されたプライズは、右手前側でテーブルに接地している角を支点にして、他の3角がほんの少し浮いた状態になり、スイングするようにして手前左角が前に出ました。棒で押して傾けたときのプライズの重心が高くなり、ポテンシャルエネルギーを減少させるようにスイングしたんですね。スイングし終わった様子が図表43（b）です。

次に、（b）から（c）のように、箱の左手前側の角を棒で上手に押して、右角側を前に出しました。そして、（d）のように、再び右手前の角を押して、プライズをスイングさせます。

この一連の操作を、クレーンゲームで行うことが可能です。図表43の棒を、クレーンゲームのアーム（あるいは先端のシャベル）に置き換えて想像してみてください。巷では「突き回し」と呼ばれる、インターネットでも紹介されている「技」の一つです。

「クレーンゲームで行うことが可能」と書きましたが、図表43で示したように簡単にはできません。図表43の実験ではプライズが前方にスイングするように、棒で押す力を手でコントロールしています。手による力の入れ具合（力の大きさや角度）を間違えると、目標の向きと反対方向にスイングする場合もあります。これをUFOメカで行うのですから、すごいですね。

この突き回しのスイングも重力を使った回転運動ですので、回転軸から重心までの「うでの

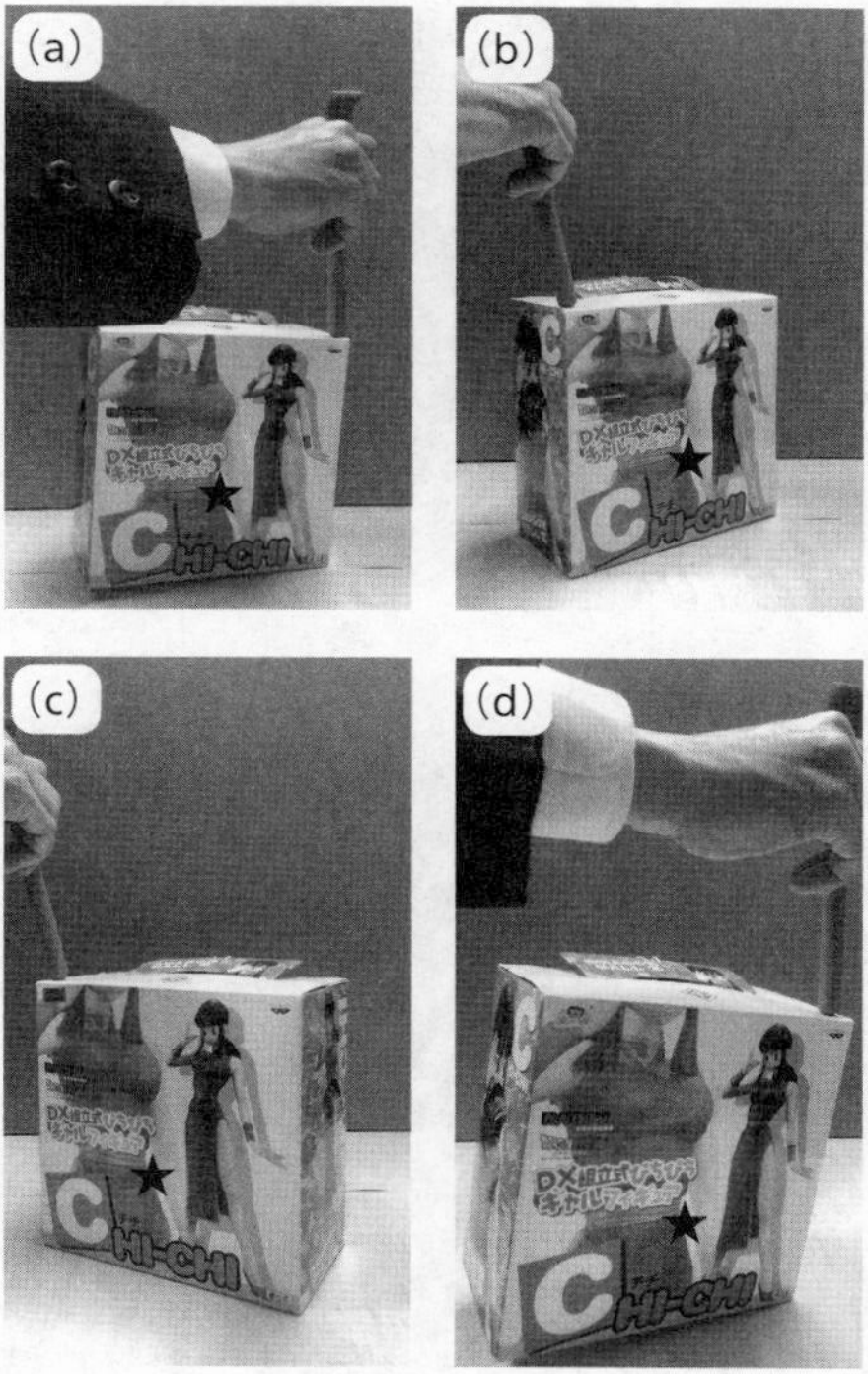

図表43　箱型プライズの1つの角を押し付けて、他の3つの角を浮かせたときのプライズの動き。(a)から(d)の順で角を押していくと、左右にスイングするように少しずつプライズが手前に移動する。★印は重心の高さの位置

長さ」と、重心に作用する重力との「向き」が重要になりますね。同じ力の向きだけでは、そのうちスイングしなくなる場合も予想されます。

本章の冒頭で紹介したクレーンゲームの落とし口の扉がひとりでに閉まる原理と、スイングドアの原理、プライズをゲットするために利用する突き回しという「技」の原理が同じというのも、物理の面白いところ。どれも、重力を使った回転運動で、ポテンシャルエネルギーの活用ですね。

山積みのプライズとポテンシャル

私はよく、鹿児島市内のゲーセンに散歩に行って数々のゲーム機やプライズの設定を見てまわります。実際にプレイはせず、「物理を使ってどうやってプライズをゲットできるかな」と考えを巡らせる、いわゆるイメージトレーニングを楽しんでいることも多いです。

こうしたゲーセン散策は昔から行っていますが、今も昔もほとんど変わらないクレーンゲームの設定というのがあります。

それは、フィールド上に小さなぬいぐるみが山積みされている設定です。

私がクレーンゲームを始めた1991年頃（第1次マイブーム／主に愛媛県松山市でプレイ）も、山積みぬいぐるみの設定はありました。クレーンゲームに本格的に「ハマった」2006〜2

009年頃（第2次マイブーム／主に宮城県仙台市でプレイ）にも、山積みぬいぐるみの設定はありました。2022年秋から始まった第3次マイブームの今でも、鹿児島市内外のゲーセンで、この設定をよく見かけます。ただ、第1次マイブームの頃に比べて、今はプライズが小さくなった感じです。ぬいぐるみの代わりに、小袋に入ったお菓子がフィールド上に山積みされているものも近年では見かけます。

山積みになったプライズは一見すると不安定に置かれているように見えます。

しかし、プライズの状態をよく見ると、必ずしも不安定な状態とはいいきれません。小さいぬいぐるみたちの足や腕、耳、景品タグなどが、お互いに引っ掛かり合っている場合も多いのです。たまに、子どもの拳くらいの小さなぬいぐるみが、落とし口付近で今にも落ちそうな不安定な状況にあるのを見かけますが、これは狙い目です。「今がチャンス！」とチャレンジしたくなります。

それはちょうど、**図表44**の（a）で示したクレーンゲーム機の断面概略図にある、プライズ①のような状態です。このように今にも落ちそうだけどちょっと引っ掛かっている状態を見ると、ゲーム機に向かって、心の中で「あっ、ポテンシャル！（正確にはポテンシャルエネルギー）」と、つぶやいてしまいます。そして脳内で、**図表44**の（b）のような、ポテンシャルの山（ポテンシャルエネルギーが高い）と谷（ポテンシャルエネルギーが低い）の連続したグラフをイメージしています。

図表44の（b）図の丸印はプライズ①と②の重心位置を表し、山と谷を転がって落とし口（O）に移動するイメージです。なお、落とし口が一番低いポテンシャルです。

プライズ①は、フィールド上Aにちょこっと載っている状態です。Aの位置で静止していますが、ほんのちょっとUFOメカで触った途端、落とし口に転がり落ちてプライズゲットとなるかもしれない状態です。

でも触るところを間違えると、落とし口とは反対に落ち、そこでより安定した状態になるかもしれません。これは、（b）図で、プライズ①の丸印（重心）がポテンシャルの谷Bに落ち込んだ状態になります。この状態から落とし口に移動させるには、ポテンシャルの山Aを越えるくらいにUFOメカのアームで引っ張り上げなければいけません。この山Aを越えなければ、プライズ①の丸印は、最も低いポテンシャルに辿り着けず、プライズ①のゲットになりません。これは難しい状況ですね。

さらに落とし口から遠い位置にある、Cの位置のプライズ②もゲットしたい場合、どうしましょう。アームの閉じる力が強ければ1回でポテンシャルの谷Bや山Aを越えて、最も低い落とし口に落とすことができるかもしれません。しかしプライズ②を抱えたUFOメカの移動時の揺れで、プライズが谷Bや谷Dに落ちてしまうリスクもあります。

また、アームの閉じる力が弱ければ、なんらかの作用で（プライズを抱えきれず）アームが開いて、プライズ②を谷Bに落としてしまうリスクもあります。そうなると、何度かプレイを繰り返して落とし口に移動させるしかありません。一旦ポテンシャルの谷Bに移動させ、ポテ

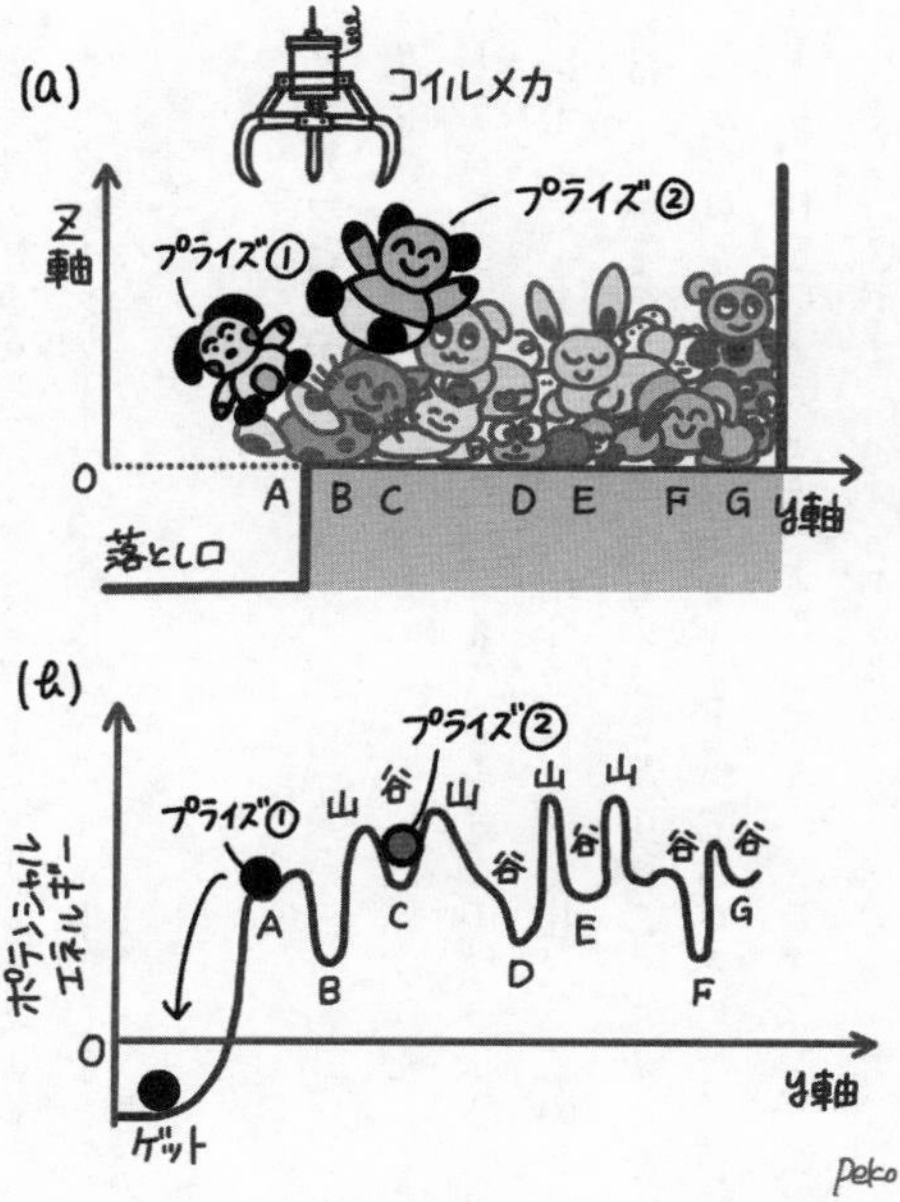

図表44　山積みプライズとポテンシャルの概念図

ンシャルの山Aをなんとか越えて、最も低い落とし口に落として、プライズゲットをする方法です。クレーンゲームは、やはりプライズの重心をどのように移動させるかを考える物理ですね。

ナイアガラとポテンシャル

第2次マイブーム時代の私のノートには、ゲーセンからもらったチラシがスクラップされています。そこには、**図表44**（a）のような山積み状態のプライズをゲットするのに適しているクレーンゲームの「技」が紹介されていました。その名は「ナイアガラ落とし」です。チラシには「景品そのものより、どの（景品山積みの）ポイントにアームを落とすと、一番崩れやすいのかを見定めることが重要」と書いてありました。私からすれば、この技はナイアガラと言うより、UFOメカを使ってたくさんのプライズを一気に落とし口に落とす〝雪崩〟のイメージにより近いです。

この落とし技を**図表44**（a）（b）で説明すると、プライズ①や②だけでなく、フィールド上にあるほかのぬいぐるみも含めて多くのプライズを一気に動かすことで、**図表44**（b）で示したポテンシャルの山も谷も崩して、ポテンシャルの最も低い落とし口にプライズを落とす、ということです。

この作戦はＵＦＯメカがかなり重かったり、アームの閉じる力がかなり強い場合には可能かもしれませんが、２０２４年現在、そのような設定のクレーンゲームがあるのかどうか……。少なくとも私が住む鹿児島市内では、ぬいぐるみに対して「ナイアガラ落とし」ができるような設定のクレーンゲームは見かけません。「小さなぬいぐるみも、1個1個、地道に取ってね」という、ゲーセンの願いがわかるような設定ばかりです。

そんな中で、２０２３年頃に鹿児島市内のあるゲーセンで面白いクレーンゲーム機を発見しました！

小袋に入ったお菓子がたくさん山積みされており、３本アームのコイルメカ（図表18や図表44のメカ）が横一列に10個も付いているゲーム機です。この10個のメカは、正面から見たときに、手前側に横一列に整列して設置されています（まるで暖簾のようにも見えます）。10個並んだメカは同時に動き、手前側から奥方向への移動が可能です。奥方向でアームを広げ下降すると、その後は上昇し、手前側に戻ってきます。落とし口はゲーム機の手前側に広く作られています。

このゲーム機で小袋に入ったお菓子の山積みを見ると、私は「ナイアガラ落とし」をやってみたくなり、つい１００円硬貨を投入してしまいます。

狙うポイントは、できるだけ落とし口に近くてポテンシャルが崩れやすそうな位置です。そこに10個の３本アームのコイルメカを下降させると、まず雪崩の前兆のように、お菓子がちょこちょこと転がって、数個落ちてきます。これが1度目の喜び。さらに下降したアームが閉じてコイルメカがゆっくりと上昇するとき、ド、ド、ドドドッと雪崩のようにお菓子の山が崩れ、落とし口に落ちてきます。これが2度目の喜び。思わず「ポテンシャルを崩したぞ！」っと叫びたくなる気分です。

そして最後に、落とし口まで戻ってきたメカのアームが開き、アームに引っ掛かっていたお菓子が6〜7個ほど落ちてきて、3度目の喜び。このように、1回のプレイでプライズゲットの喜びを3回も味わえる、素晴らしい設定です。

このクレーンゲーム機で、プライズのお菓子が多く積まれていて、かつ、コイルメカを降ろすポイントがうまくいったときは、まさに「ナイアガラ」の滝のごとく、プライズが落ちてきます。お菓子が雪崩状態で降ってきます。子どもも大人も、プレイヤーも周りで見ている人たちも、みんな大喜び。「すご〜い！」と感激する瞬間です。

第7章　クレーンゲームのコイルと電流

3本のアーム

ゲーセンでクレーンゲームをチェックしながら、ふと気づくことがあります。以前に比べ、図表45のような金属製3本アームを持つクレーンゲーム機がかなり増えているのです。

私の第1次マイブーム（1991年頃）や第2次マイブーム（2006〜2009年頃）に、3本アームのメカでプレイした記憶は全くありません。記憶をさかのぼれば、私が小学2年の頃（1975年頃）に、景品の入った野球ボールくらいの透明カプセルを狙って3本アームを操作するゲームはありましたが、プレイヤーがゲーム機を上からのぞき込む姿勢でプレイするタイプでした（今でも、この形式のゲーム機は見かけます）。

今の3本アームメカのゲーム機は種類が豊富です。アームが開いたときの長さが60㎝にも及ぶ大型メカから、子どもの手のひら程度しかない小型メカまであります。プライズも大型のぬいぐるみから、フィギュアの入った箱型プライズ、お菓子、カップ麺、拳大の小さなぬいぐるみまで、バラエティに富んでいます。

私は、最近の3本アームのメカは、大きく分けて2種類あるとみています。

1つはセガ社製の「UFOキャッチャートリプル」で、UFOキャッチャーのアームが2本から3本に増えたような外観です。3本のアームはプラスチック製で、その開閉は機械的な動きです。

もう1つは、**図表45**のように円筒形のメカがあり、その底部に1本の金属芯がついていて、外側に金属製3本アームが付いている機種です。金属芯と3本アームは金属棒で連結されています。この手のタイプは機種が多すぎて、何を代表機種にして良いか迷いますが、ここでは「トリプルキャッチャー」(アトラスなどで製造)を挙げておきます。金属芯を持つ、円筒形のメカ部分を、本書では「コイルメカ」と呼びます(理由は後述)。

ゲーセンなどでコイルメカを観察する限り、コイルメカは中のギアなどが見えず、3本アームの開閉は、「UFOキャッチャートリプル」のような機械的動きとは明らかに違うのです。その違いはどこから生じているのか？

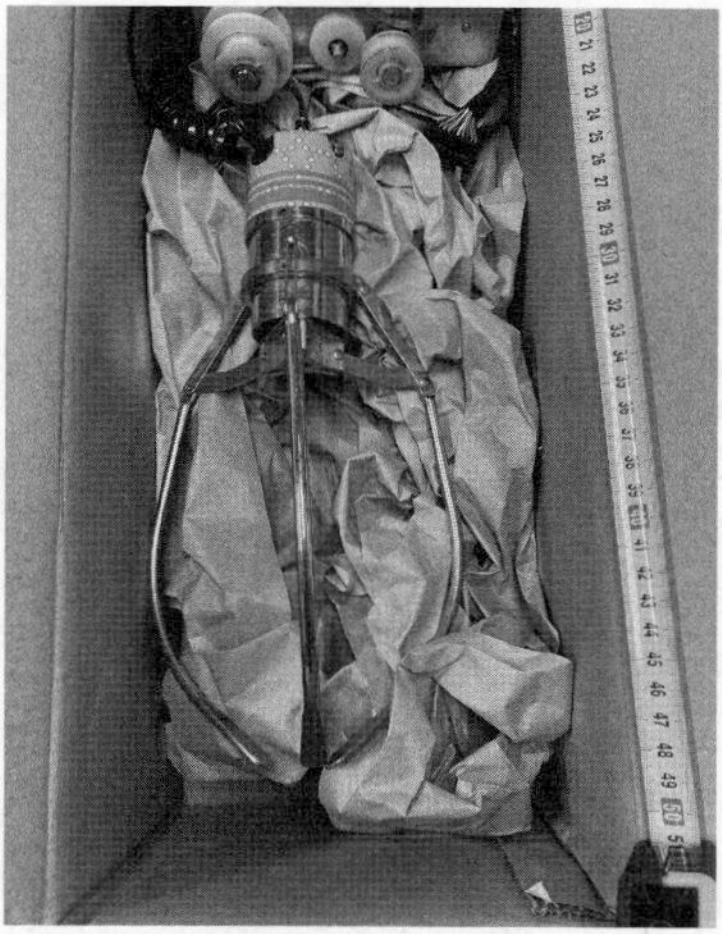

図表45　金属芯を持つ円筒形のメカ、トリプルキャッチャーが届いたところ

私とて、測定装置を開発してきた実験物理学者の端くれです。どうしてもコイルメカも分解して、なぜ2つの機種のアーム動作に違いが生まれるのか、疑問を解決したいのです。外観とアームの動きから予想はしていますが、それでもアー

ム動作の起源を突き止めたい。きっと外側の金属カバーの奥に、物理が隠れているはずです。しばらく経ったある日のこと。私は運良く、念願のコイルメカの入手に成功しました。次項では、ドキドキのメカ分解の過程を大好きなテレビ番組「プロジェクトX」風に説明してみます。もうしばらくお付き合い願います。

分解してみる

――しばらくして、念願のメカが小山のもとに届いた。早速、小山はそれを大学の研究室に持ち込み、分解、実験をすることにした。研究室でメカの入った箱を開けると、シルバーの金属光沢を放つ3本アームが、閉じた状態で現れた（前掲・**図表45**）。今回のメカの大きさは、全長約60㎝。メカの重さは約1・2㎏。大きさは中型である。

小山は慎重に、アームが下に来るように、コイルメカを縦に持ち上げた。これと時を同じくして、3本のアームがゆっくりと開き始めた（**図表46-1**）。

「おおっ！」と、思わず声が出た。

小山が目にしたアームの開いた状態は、ゲーセンでよく見る100円硬貨投入前の状態と同じであった。アームが開くと同時にメカの底部から1本の金属芯が現れ、降下し、3本のアームを床に向かって押し出す動きをする。アームが最大に開き切ると、金属芯の押し出す動きも停止した。

金属芯を、重力に逆らってコイルメカの中に押し込むと、アームも閉じる（図表46-2）。

小山は言った。「そうか、電気が流れていない状態では、金属芯は重力によって降下し、3本のアームの内側を押し出して、てこの原理でアームが開く機構であったか」。

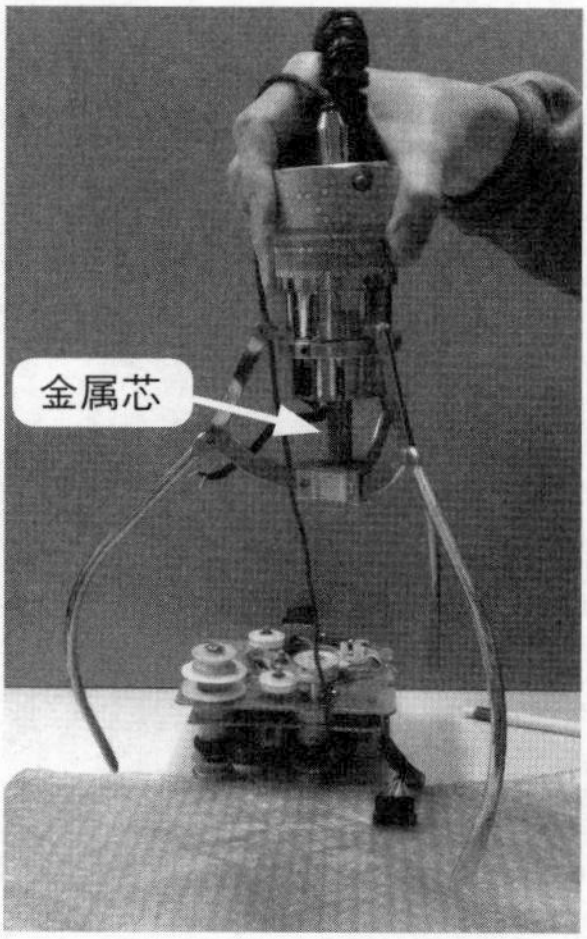

図表46-1　金属芯が重力で下がると同時にアームが開く

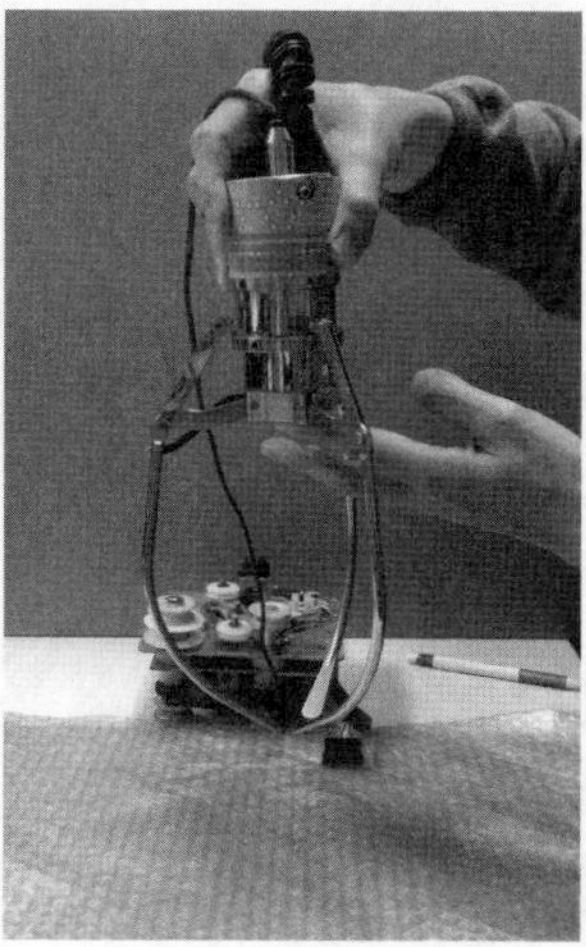
図表46-2　金属芯をコイルメカの中に入れると、アームも閉じる

最大に開いたときのアーム間の長さは約25㎝、中央の金属芯の直径は約1㎝とわかった。メカに電気を送ると予測されるらせん状にクルクル巻かれた黒いリード線が、メカ上部から内部につながっていることも確認された。

「あった！　これだ」、再び、思わず声が出た。

小山は、コイルメカの上部に小さなネジが2つあることを発見した（図表47-1）。この2つの小さなネジが、コイルメカ内部の調査を妨げている。メカ内部の調査を進めるため、分解作業に移る。まずはメカ上部の2つのネジを、プラスドライバーを使って慎重に外す。ほどなく、メカの上部の金属製蓋を外すことに成功した。落ち着け！　気をつけろ！　そのネジを無くすと元に戻らなくなるぞ、と心の声が聞こえてくる。

「その通りだ」、小山はつぶやき、2つのネジを無くさないようにテーブル前のマグネットに付けた。配線が見えてきた。電気を通すリード線が2本。色は2本とも白（配線の色が異なる機種もあります）。小山はさらに、コイルメカ心臓部の取り出しに着手した（図表47-2）。ゆっくりと、慎重に、少しずつリード線を引っ張り、コイルメカの心臓部を外に取り出していく。心臓部の周りには、白色のガラス繊維布らしき帯が、全体を覆うように巻かれている。さらに、その帯が外れないように、半透明茶色の接着テープがいくつも巻かれていた。このテープは、小山も装置開発で使用するカプトンテープの類と推測された。

ここまでの状況証拠からすでに小山は、心臓部の構造を確信していた。残るは現物の確認のみ。ピンセットを使い慎重にカプトンテープを剝ぎとり、さらに、その帯もゆっくりと本体から取り外していった。

果たして、このコイルメカの心臓部の正体は如何に……（次項に続く）。

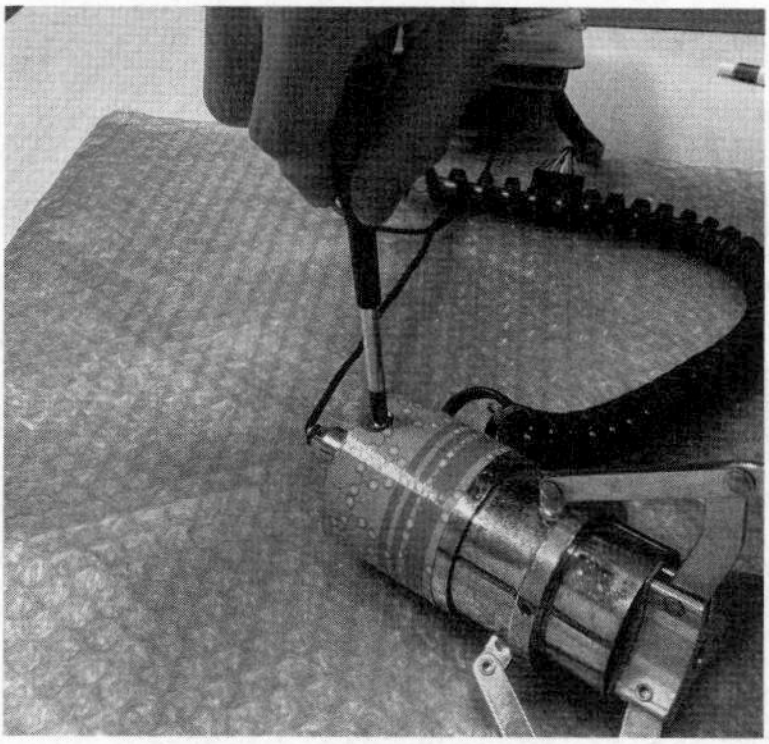

図表47-1　トリプルキャッチャーのメカを分解するため、ネジを外す

図表47-2　今回調査したコイルメカ、心臓部を取り出した様子

電磁石とコイル

コイルメカの分解までの様子を、テレビ番組のナレーション風に書いてみました。緊張感、伝わったでしょうか。

その続きですが、茶色のテープや白色の帯を本体から慎重に取り外し、現れたものを、**図表48**に示します。これが私の確信していたものです。今回調査したコイルメカの心臓部は、まさにソレノイド型のコイル（ソレノイドコイル）でした。大きさがわかるように、そばに100円硬貨を置いています。

このコイルは、空洞のボビンの周りに、直径1㎜の被覆された導線がぐるぐる巻かれて、作られています。今回のメカに搭載されていたソレノイドコイルの全長は約9㎝、直径は約3・5㎝でした。コイル中心にある空洞部分（ボアといいます）の直径は約1・6㎝です。3本アームとつながった直径約1㎝の金属芯は、このボアの中に余裕を持って収まり、上下に移動します。

さて、読者の皆さん。このコイル、どこかで見覚えはありませんか。小学校、中学校の理科の教科書で見たり、これを使って実験したりしませんでしたか？

今回のソレノイドコイルは、小学校5年の理科の時間で取り扱う「**電磁石**」とほぼ同じです。電磁石の実験では、釘などの鉄（鉄芯）にコイルを巻いてそこに乾電池を使って直流の電流を流し、鉄芯が棒磁石のようになりN極とS極が発生し磁力が生まれ、周りの鉄製クリップなどを引き寄せました。それです！

この仕組みを高校の物理の内容で少し詳しく説明すると、次のようになります。

コイルに電流を流し、コイルのボアの内外に磁場が発生すると（最も磁場が強いのはボアの中心）、磁場の中に置かれた鉄が磁石の性質（鉄の両端にN極とS極が発生）を帯びます。磁石の性質を帯びることを「**磁化**」といいます。これが電磁石の元になります。

この電磁石の両端のN極とS極がつくる磁場によって、鉄製クリップも強い磁気を帯び、クリップにN極とS極が発生します。

図表48　今回調査したトリプルキャッチャーメカの心臓部。ソレノイド型コイル

そして、クリップのS極（またはN極）が電磁石のN極（またはS極）に引き寄せられるのです。この鉄のように強く磁化される性質を「**強磁性**」といいます。強磁性を示す物質は**強磁性体**と呼ばれています。

電流を流してみる

小学校では電磁石（コイル）の性質について、主に次の2つのことを学びました。

① 電磁石の磁力を強くするには、電磁石に流す電流を大きくする。または、電磁石のコイルの巻数を増やす。

② 電磁石に流す電流の向きを逆にすると、電磁石の極が反対になる。

中学校2年生になると、ソレノイドコイルに電流を流したときに、コイルの外と中で磁場（磁界）が発生することを学びました。鉄粉や磁針を使ってコイルの外や中の磁界の様子を調べたと思います。昔、授業で見たり触ったりして感激した電磁石（コイル）と、クレーンゲームの中から出てきたコイルは同じはたらきをするのか？　小学校や中学校のときのように、実験したくなりますよね？　早速、やってみましょう。

コイルから出ていた2本のリード線に、直流電源を取り付け、電流を流します。

通常、私たち研究者はコイルに磁場を発生させるとき、直流電流を制御して流します。今回の実験では、直流電源の電圧を24V程度まで制御して、コイルに磁場を発生させました。これは1・5Vの乾電池を最大16個、直列つなぎして、コイルに磁力を発生させるのと同じです。

コイルから伸びた2本のリード線の1本を直流電源のプラス極とつなぎ、もう1本をマイナス極につなぎました。コイルにかかる最高電圧は直流24V、「オームの法則」(「電流は電圧に比例する」という法則)に従って、コイルには直流電流が流れます。そうすると、コイルに磁場が発生します。ただし、注意してください。コイルに電流を流しすぎると、コイルから熱が発生(いわゆるジュール熱)し、コイル自身がかなり高温になることがあります。

実験の様子を**図表49**に示します。

図表49の(a)は、電圧ゼロ、電流ゼロの状態です。4つのクリップが連結されており、私はその一端をつまんでいます。コイルから磁場が発生していないので、クリップは重力によって、だら〜んと垂れた状態です。(a)の写真のように、クリップをコイルに近づけても、垂れた状態は変わりません。

次に、直流電源の電圧つまみを右に少しずつ回し、電圧を大きくしていきます。それにともない、コイルに流れる電流も大きくなります。そして、コイルから発生する磁場も大きくなり、クリップは次第に、コイル側に引き寄せられていきました。主に鉄でできているクリップは強磁性体で、コイルからの磁場によって、次第に磁化されていることが予想されます。

図表49の(b)は、電圧23・6V、電流1・29Aの状況です。クリップの下側の先端は、グググっと、コイルのボア側に引き寄せられました。コイルからの磁場で、クリップが強く磁化

し、磁力が強くなっているためです。これは、コイルのボアの先の磁場が強い（正確にいえば、磁場の空間変化が大きい）ことを意味しています。写真の様子は、小学校のときの電磁石の実験とほぼ同じですね。

直流電源の電圧を24・1Vにして、コイルに電流1・31Aを流したときの様子を、図表49の（c）に示します。クリップに強い磁力が作用して、コイルのボアの中に引き込まれていきました。クリップは、重力に逆らい、重力と直角の方向に、ボアの中心部に向かって、引き込まれていきます。写真では、クリップがコイルに引き込まれないように、手で引っ張り出す方向に力を入れていますが、少し力を緩めただけで、すぐに強い磁力でボア中心に向かって、引き込まれていきました。

直流電源の電圧を下げ、コイルに流す電流が低下すると、クリップに作用する磁力は弱まり、（b）のようになり、最後は磁力より重力が勝り、クリップは（a）の状態に戻りました。

この実験と先ほどのメカの分解でわかった仕組み（重力に逆らって金属芯をコイルメカの中に押し込むと、アームは閉じる）から、一つの仮説が立てられます。コイルメカのアームの動きは、重力と磁力の競り合いによるものではないか、と。

次項で、その確認実験の様子とコイルメカの原理を説明します。

図表49　トリプルキャッチャーのコイルに電流を流す様子。コイルのそばのクリップの状態に注目。(a)電圧ゼロの状態。(b)電圧23.6Vでクリップがコイルに引き寄せられる。(c)電圧24.1Vでクリップがボアに吸い込まれていく

重力と磁力

前項でトリプルキャッチャーのコイルメカ部分の分解について、説明しました。このコイルメカの分解からわかった動作原理を、概略図（**図表50**）と写真（**図表51**）で説明します。

メカ中央の金属芯（**図表51**〈a〉）は、磁石で引き寄せられましたので、強磁性体（鉄系）と思われます。金属芯はコイルのボア内を上下に動けるようになっています。

コイルに流す電流がゼロで、コイルに磁場は発生しないとき、金属芯に磁力は発生しません。そのため**図表50**（a）のように、メカ中央の金属芯が、それにかかる重力で、3本のアームを押し下げています。このとき、てこの原理で、アームは開いている状態になっています。写真では、**図表51**（b）の状態です。

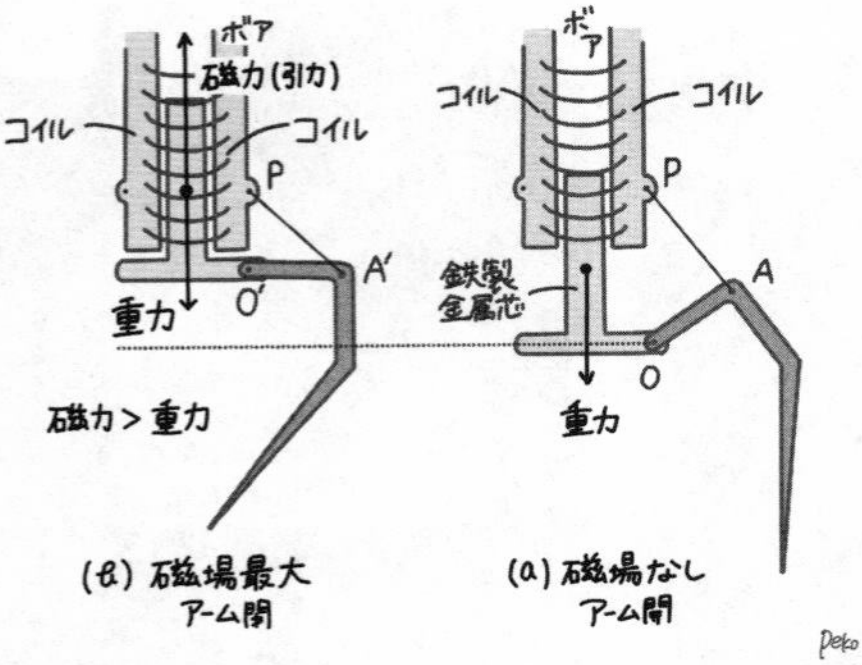

図表50　コイルメカの概略図。(a)はコイルに電流を流す前。金属芯に作用する重力によってアームは開いている。(b)は電流を流したところ。コイルに生じた磁力によって強磁性の金属芯が引き寄せられ、アームは閉じる

次に、コイルに電流を流し、ボア内部に磁場を発生させました。すると、**図表51**（d）

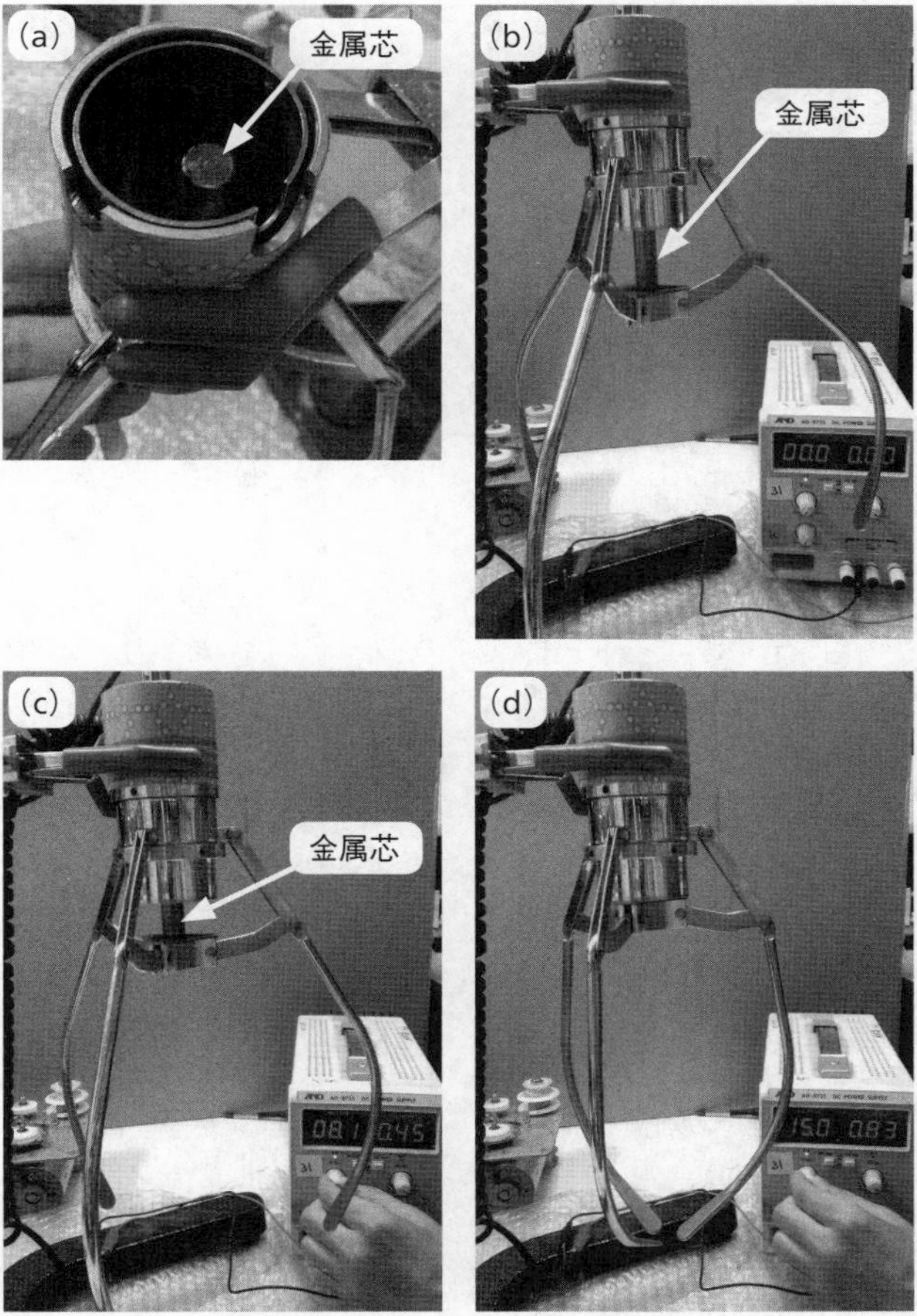

図表51　コイルメカの動き。(a)の中央に金属芯が見える。(b)では金属芯は下がりアームは開いている。(c)で金属芯がコイルに半分程度引き込まれアームが半分程度閉じ、(d)で金属芯は完全に引き込まれ、アームは完全に閉じた

のように、スッと金属芯がコイルメカの中に引き込まれて、同時にアームが閉じました。コイル内部に強い磁場が発生すると、**図表50**（b）のように、強磁性体の金属芯に上向きの磁力が発生します。上向きの磁力が下向きの重力より大きくなると、金属芯はコイル内部に引き込まれ、上昇します。このとき、てこの原理でアームは閉じます。

図表51（c）は、コイルに電流0・45Aを流したときの様子です。金属芯が半分程度コイルに引き込まれ、アームも半分程度閉じているのがわかります。さらに、コイルに電流を流し、0・83Aになると、金属芯は完全にコイルの中に引き込まれて、アームも完全に閉じました。

アームが開くか、閉じるか、どれくらいの力で閉じているかは、ボア内部で金属芯に作用する磁力、つまりコイルの磁場の強さに関係します。コイルで発生する磁場は、コイルに流す電流で制御されるので、トリプルキャッチャー型のクレーンゲームは、コイルに流す電流でアームの開閉が調整されていると思われます。トリプルキャッチャーに、UFOキャッチャーで利用されていたような「ばね」はありませんでした。

以上のように、トリプルキャッチャー型のコイルメカのアーム動作は、重力と磁力の競り合いによるものでした。そして、小学校5年生で習った、電磁石と磁力がクレーンゲームでも利用されていたのです。これも、物理の面白いところですね。

直流と交流

前項で、コイルに**直流**を流すと、コイル内に磁場が発生し、磁力によってアームが閉じる動作を説明しました。直流とは、「**一定の向きに流れる電流**」のことを言います。身近な直流電源は乾電池です。乾電池は、電気のプラス極とマイナス極が決まっています。そして、その機能が失われるまで、極の入れ替わりはありません。プラス極とマイナス極が変わらなければ、コイルから発生する磁場の向きは変わりません。よって、コイルによってできている電磁石のN極とS極も変わりません。物理では、S極からN極への向きを、磁場の向きとしています。

一方、**プラス極とマイナス極が周期的に入れ替わり、電流の向きも周期的に変化している電流を**、「**交流**」といいます。身近な交流電源といえば、家庭にあるコンセントです。私たちは、多くの家電をコンセントにつなぎ、交流を利用していますね。

私が住む鹿児島は西日本に位置していますので、コンセントから60Hzの交流が供給されています。一方、東日本では、50Hzの交流が供給されています。1秒当たりの波の繰り返しの数を周波数といい、その単位に、ヘルツ（記号Hz）を使っています。周波数60Hzの電気とは、プラス－マイナス－プラス－マイナス……と電気の波が、1秒間に60回も繰り返されていることを意味します。

それでは、コイルに交流を流すと、どうなるでしょうか？

コイルとつながっている交流電源のプラス極とマイナス極が周期的に入れ替わるので、コイルから発生する磁場の大きさと向きも周期的に変わります。このような磁場を「交番磁場」と呼びます。金属板や導線でできたコイルの中を交番磁場が貫くと、その金属板やコイルに「誘導電流」と呼ばれる電流が流れます。誘導電流の性質が、今の私たちの生活を豊かにするテクノロジーの一つになっています。

これは、19世紀に英国の科学者ファラデーやロシアの科学者レンツの研究によって発見された、「**電磁誘導**」という現象です。電磁誘導を用いたテクノロジーが、鹿児島市内のクレーンゲーム機で使われていました。

それを紹介する前に、次項で身近な電磁調理器を使って、電磁誘導の現象を確認していきましょう。私の授業の大学1年生向け「教養の物理学入門」と、理科の教員免許取得を目指す理学部2年生向け「理科教材研究法Ⅰ」で講義している内容です。

電磁誘導で灯をともす

電磁調理器を使った理科教材については、沖花彰先生（京都教育大学名誉教授）の論文「ＩＨ調理器を使った理科学習」（『物理教育』第60号／２０１２年）があり、この論文はインターネット上で公開されています。沖花先生の論文から、私はあるアイデアを思いつきました。それがうまく実現するのかを確かめたくて、私は鹿児島大学近くのホームセンターに行き、卓上型の電磁調理器を1つと、電磁調理器用の小さな卵焼きフライパンを1つ購入しました。

この2つを見た大学の事務職員からは、「小山先生、研究室で卵焼きでも焼くのですか？」と尋ねられました。そう思われるのも仕方ありません。なぜなら私が購入したものは、電磁調理器と電磁調理器用の卵焼きフライパンですから。

私はにやりと笑い「いや～、学生に見せる物理の実験ですよ」と軽く答え、そそくさと研究室へ入りました（だって、サラダ油も卵も買っていないのですから、と心の中では、つぶやいていました）。それより一刻も早く、電磁調理器の中身が見たい！

研究室に持ち込み、箱を開けて電磁調理器本体と取扱説明書を取り出し、まずその内容を確認します（注意！　製品の取扱説明書に、「調理以外の用途に使用しない」、また「分解・修理・改造をしない：火災・感電・けがの原因になります」、と明記されています。よって、読者の皆さんは、この本を読んで現象の理解をするにとどめてください）。

それから電磁調理器の裏にある数本のネジを外して、上部（トッププレート）を取り外します。電磁調理器の中身とご対面です。トッププレートを取り外す前後の写真を**図表52**に示します。**図表52**（b）のように、調理器中央には直径12㎝の加熱コイルがありました。コンセントから供給される60Hzの交流を、もっと高い周波数の交流に変える装置（高周波電源）も、加熱コイルの側に見えています。この装置から供給される交流電流によって、加熱コイルがトッププレート上に交番磁場を発生させます。

ここからが実験の本番です。私は図表53（a）のように、小さなプラスチック製水筒の底近くの側面に、リード線（被覆のある導線）を2回巻き、コイルAを作りました（底より少し上側に巻いています）。リード線と豆電球をつなげれば、回路ができます。水筒の転倒防止のため、水を少量入れて、重心を低くします。水筒の蓋を閉めて、蓋の上に豆電球をセロハンテープで取り付けて、誘導電流検出装置の完成です。これは、コイルAに交番磁場が貫通すると豆電球が光る装置です。この装置で、トッププレート上に発生した交番磁場を検出します。

ですがこのままでは電磁調理器は動作しません。通常、電磁調理器は、安全のため中央に水などを入れた金属容器を載せないと動作しないようになっています。そこで、先ほどの「卵焼きフライパン」の出番です。図表53（a）のように、フライパンに水を入れて、電磁調理器のトッププレート上に置きます。置き方は、写真のように左半分にしました。電磁調理器が動作するギリギリの置き場所です。これで、ちょうどコイルの左半分がフライパンで、右半分が実験ステージになります。

さて、電磁調理器の電源コードをコンセントに接続、研究室を暗くし、加熱ボタンを押して、実験開始。すると……。図表53（b）のように、豆電球が点灯しました！　豆電球のついた回路に電気が流れたのです。

図表53（a）の写真をもう一度見てください。コイルAは絶縁被覆で覆われていて、さらにトッププレートから、少し浮いた状態です。トッププレートに「タッチ」しているのは、水筒の底のプラスチックのみです。リード線は直接電源につながっていないのに、豆電球に電気が通っているのです。コイルと、高周波電源があれば、リード線で直接つながっていないのに、

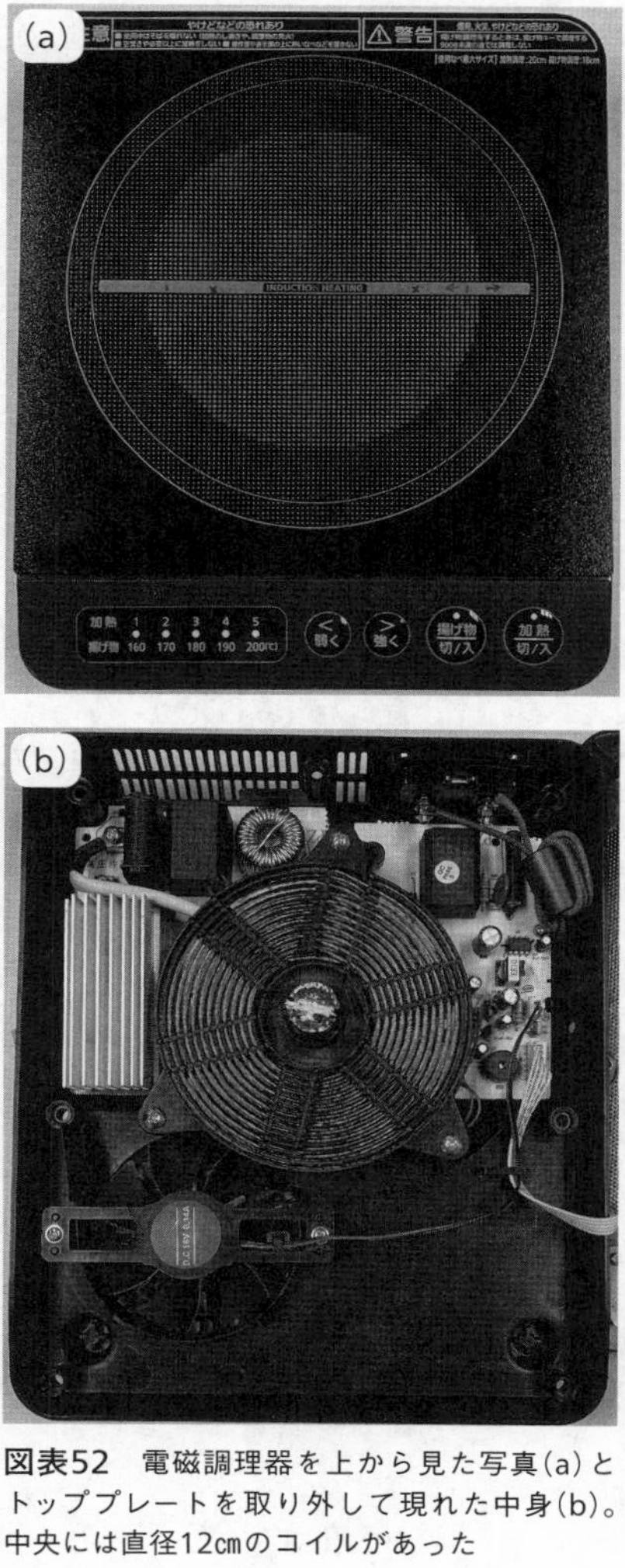

図表52　電磁調理器を上から見た写真(a)とトッププレートを取り外して現れた中身(b)。中央には直径12㎝のコイルがあった

豆電球に電気を送れるのです。つまり、トッププレート上に交番磁場が発生していて、それをコイルAが検出し、豆電球に誘導電流が流れたのです。電磁誘導の面白いところですよね。電磁誘導の性質で、電気エネルギーを豆電球に送っていると言っても良いでしょう。

この実験の面白い点はまだあります。コイルAを電磁調理器トッププレートのどの場所に置くかによって、豆電球の明るさが変わるのです。それは、コイルから発生する磁場の向きと、コイルAの向きに関係します。その詳しい説明は、紙幅の関係上、ここでは割愛します。沖花先生の論文には記載されていますので、ご興味ある読者の皆さんは、そちらをご参照ください。

強調したいのは、コイルと高周波電源を利用すれば、2つの電気回路が非接触であっても、もう一方の回路に、電気エネルギーを送ることができる、ということです。

ジュール熱

前項の実験を続けていると、卵焼きフライパンは熱くなり、中に入っている水は沸騰します。そんなときは加熱スイッチを切って、お湯をバケツに入れて捨てます（そして新しい水をフライパンに入れて、実験を再開します）。

ところが、プラスチックの水筒に入っている水は、ほとんど熱くなりません。フライパンと水筒との違いはなんでしょうか？

そう、素材の違いです。フライパン（あるいはその底）は金属でできていて、水筒はプラスチックでできています。金属は電気を通しますが、プラスチックは電気を通しません。電磁調理器のトッププレート上に置いた金属製のフライパンの底には、誘導電流が流れますが、プラスチック製の水筒の底には誘導電流が流れないのです。この誘導電流は、鍋底などの金属板上で、渦を巻くように流れることから、「渦電流」とも呼ばれています。

金属に電流が流れると、その電気抵抗によって、金属は発熱（ジュール熱の発生）し、高温になります。電気抵抗が大きいほど、ジュール熱は大きくなり、より高温になります。例えば

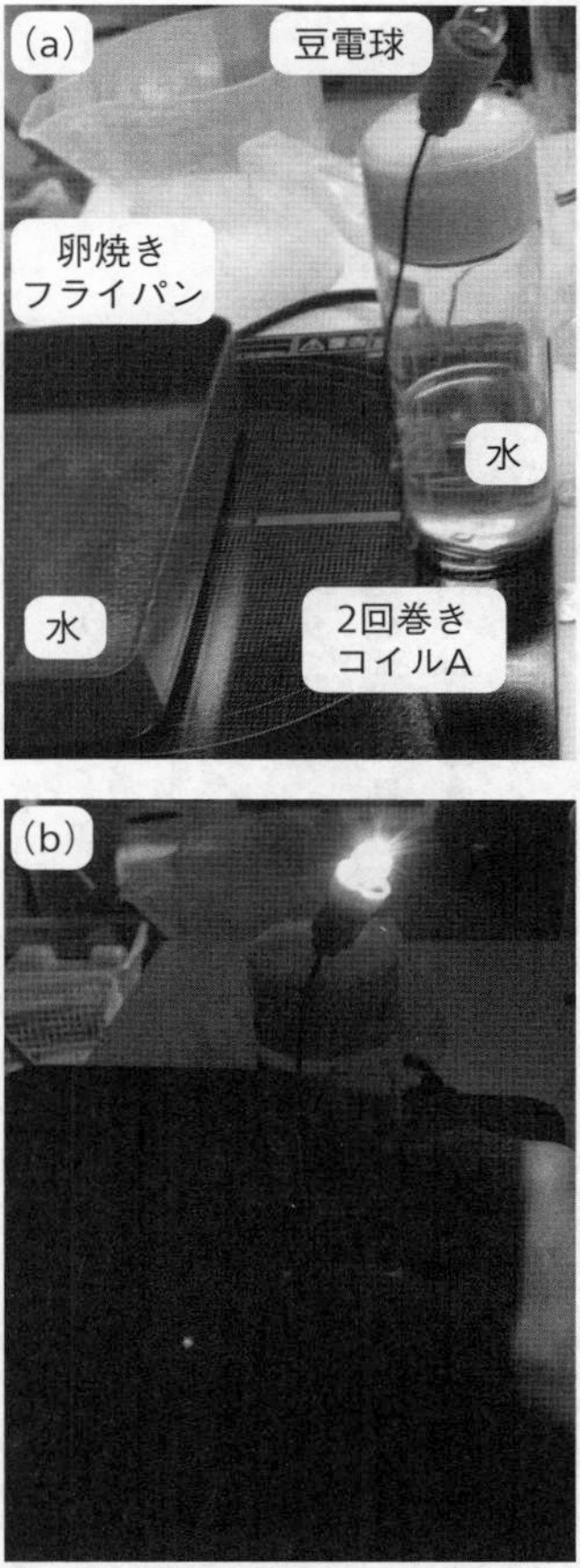

図表53　電磁調理器を用いた電磁誘導の実験。(a) 調理器の電源スイッチを入れる前。(b) 調理器の電源スイッチを入れると、電磁誘導により豆電球が点灯する

鉄とアルミ（アルミニウム）では、鉄の電気抵抗がアルミのそれよりも大きいです。よって、電磁調理器用のフライパンや鍋の材質では、アルミニウムよりも鉄の方が適しています。ただし、鉄だけでフライパンや鍋を作るとかなり重くなりますね。上述したように、電磁誘導は加熱コイルの大きさの範囲程度しか起こりませんので、加熱コイルの大きさ程度の鉄製金属板を底に用いているフライパンもあります。

自分のフライパンや鍋が電磁調理器に適しているかどうかを調べるには、どうしたら良いでしょうか？　電磁調理器に有利な材質は強磁性体の鉄ですので、磁石を金属板に当てると引っ付くはずです。ぜひお試しください。なお最近では、アルミ製フライパンでも調理できる電磁調理器も市販されているようです。

電磁調理器では、トッププレートに接している鍋底の金属板に、電磁誘導で渦電流（誘導電流）が生じ、金属板の電気抵抗によってジュール熱が発生し、その熱で鍋底が高温となり調理ができるのです。電磁調理器の取扱説明書には、調理器で使える鍋・使えない鍋の説明があります。鍋底の形状、鍋底の大きさ、材質の説明がありますが、それらは電磁誘導とジュール熱の発生に関係した条件を示しているのです。

1円玉の手品と渦電流

電磁調理器を使ったファラデーの電磁誘導の性質をみるために、もう1つ簡単な実験をしていきましょう。この実験は電磁調理器の利用について考えているうちに、ふと思いつき、どうしても確かめたくなったものです。

前項で、電磁調理器で調理できるのは、鍋底の金属板に電磁誘導による渦電流が発生し、ジュール熱によって鍋底が高温になるからと、説明しました。この渦電流の性質を、5枚の1円玉を使って見ることができます。

1円玉はアルミニウム製で、軽くて電気をよく通す特性があります。これを利用します。実験前に、電磁調理器の電源が入っていないことを確認しておきましょう。**図表54**（a）のようにフライパンに水を入れて、電磁調理器のトッププレートの上に置きます。前述と同様に、フライパンは電磁調理器の左半分に置き、電磁調理器が動作するギリギリの場所に調整して、準備します。

次に、**図表54**（a）のように、トッププレートの右半分に、フライパンと平行になるように、縦1列に1円玉を並べます。これで、準備完了です。

私の授業では、この実験を学生たちの前で、実演して見せます。まず私は学生たちに、「これから、私の超能力をおみせしよう！」と宣言します。そして、「ああああっ、○×△□！？＋＊¥……」と、意味のわからない呪文を唱えながら、電磁調理器の加熱スイッチを入れます

（この呪文は、加熱スイッチを押したときの音と電磁調理器が動作しているときの音をかき消すためでもあります）。

すると1円玉は、磁石のN極とN極を近づけたときのように、すっと「浮き上がって」、放射状に移動します。この移動した後の状態を、**図表54**（b）に示します。

学生からは「おおっ！」というどよめき声。私は、ビフォーアフターで人気のあの番組のように、次のナレーションをしたくなるのです。

「あら、まあ、どうでしょう。今まで縦に並んでいた1円玉が、匠の呪文とともに、浮き上がって、きれいな半円を描くように移動するではありませんか！」と。

私自身、初めて授業前の予備実験でこの1円玉の動きを見たとき、とても感激しました。

1円玉はアルミニウムでできていますので、電気抵抗が小さく、よく電気を流します。よって、1円玉の1つ1つが、**図表53**（a）における、小さなコイルAと見ることができる、と考えられます。加熱コイルから発生する交番磁場は、加熱コイルの中心付近で、1円玉コイルに垂直方向に一番強く変化します。そして、交番磁場は、加熱コイル中心から外径方向に向かって放射状に、かつトッププレートに平行して変化します。

中心付近の1円玉Cは、磁石のN極とN極を近づけたときのように、「すっと浮き上がって」移動しました。このことから、1円玉Cと加熱コイルとの磁気の極が反対になるように、1円玉には渦電流が流れた、と説明できます。1円玉Cに作用する重力よりも、渦電流による磁気的反発力が勝って移動したともいえますね。1円玉Cに誘導電流が十分に発生しなくなったところで、重力が勝り、1円玉Cはトッププレートに落ちます。

中心付近の1円玉の上下にある1円玉BとDには、これらを貫く交番磁場が少し弱かったので、流れる渦電流が小さく、磁気的反発力も小さくなり、移動距離も小さくなったと、説明できます。一番外側の1円玉AとEには、これらを貫く交番磁場が弱かったので、重力を超えて磁気的に反発し、移動するだけの渦電流が生じなかったと言えるでしょう。

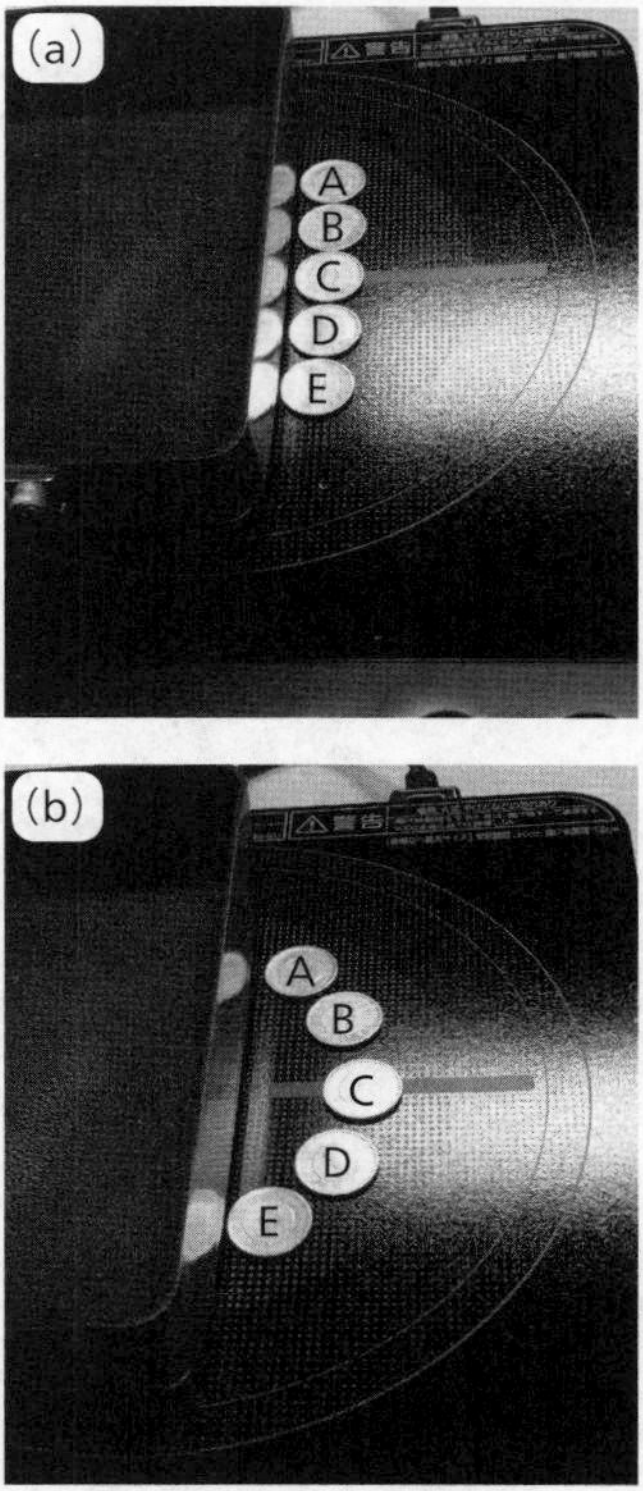

図表54　電磁調理器と1円玉を用いた電磁誘導の実験。(a) 調理器の電源スイッチを入れる前。(b) 調理器の電源スイッチを入れて、電磁誘導により1円玉が移動した

結果的に、加熱スイッチを押した後の1円玉の配置は、コイル中心から外側に向かって半円を描くようになりました。すみません、私は超能力者ではなく物理学者だったのです。そして、授業中、この実験の最後に、「現象には必ず理由がある」と、映画で出てくるトリックに詳しい帝都大学物理学教授のセリフを言いたくなるのを、いつもグッと抑えています。

「小山先生！　このトピックスの電磁誘導とクレーンゲームは、どのような関係があるのですか？」と読者の皆さんに言われそうです。では、次項で、クレーンゲームと電磁誘導が関係していることを紹介しましょう。ヒントは支払い方法、です。

ICカード

最近のクレーンゲームには「ファラデーの電磁誘導の法則」が利用されているのですが、どうやって利用されているかおわかりでしょうか？　それはズバリ、支払い時に使う、非接触型ICカードです。私がよく利用している非接触型ICカードは、JR九州のSUGOCA乗車券、鹿児島の「かごしま共通乗車カード」のRapicaです。東京や仙台に出張しているときには、JR東日本のSuica乗車券も利用しています。

この非接触型ICカードって、とても便利ですよね。駅の自動改札機やバス運賃支払いの所定の場所に、カードを「タッチ」して、料金支払いが終わるのですから。電車の乗り換えも問題なし。それも、料金が足りないときは、機械から音が鳴って知らせてくれます（改札口から出られません）。コンビニや自動販売機での代金支払いでも、専用機械にカードをかざしたり、「タッチ」したりして利用でき、とても便利です。これが、クレーンゲーム機でも利用できるのです（**図表55**）。便利というか、気がついたら残高ゼロになってしまうというか（注意しましょう）。

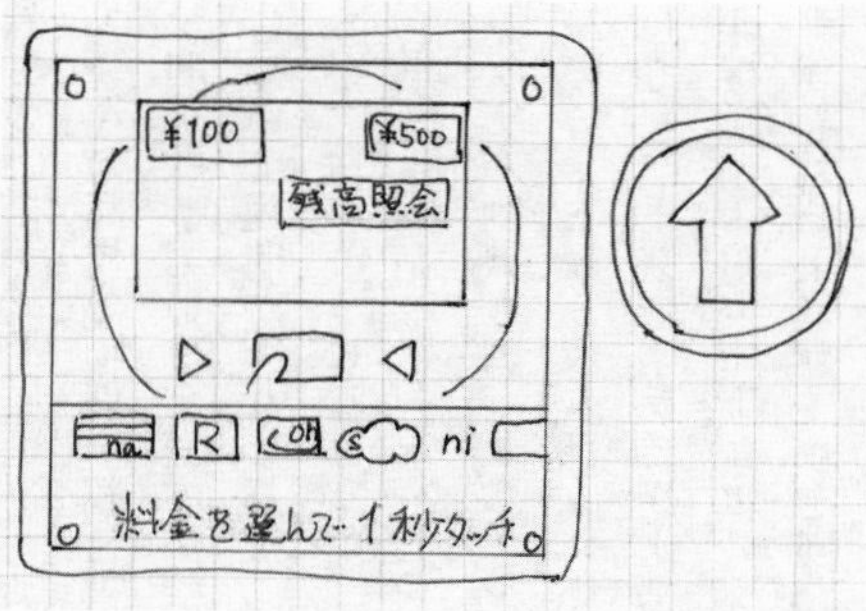

図表55　著者がプレイしているクレーンゲーム機に設置されていた、電子マネーICカード端末の概略図

ところで、この非接触型ICカードのICってなんの意味でしょうか。どのようにして、料金などの情報をやり取りしているのでしょうか。

まず、ICとは、Integrated Circuit の頭文字をとったもので、日本語でいうと**「集積回路」**の意味です。つまり、カードの中に小さい電気回路が集積されて、ICチップとして組み込まれているのです。電気回路の機能を果たすには、電気が必要なはずです。しかし、この薄いカードに、電池交換用の蓋は見当たらない。

そして、長年利用しているICカードなのに、今でも機能している。非接触型ICカードに電源がないとすれば、どこから電気を供給されているのだ？　と考えてしまいます。

現在の高校の物理の教科書には、非接触型ＩＣカードのＩＣに使われる電気の起源について、説明が載っています。中学校理科の教科書にも、短いですが、非接触型ＩＣカードの動作原理について説明がありました（すごいぞ、日本の理科・物理の教科書！）。教科書にある内容をまとめると、次のようになります。

非接触型ＩＣカードの中に電池などは入っていませんが、その代わりに、薄いコイル型のアンテナが内蔵され、ＩＣチップと回路を構成しています。一方、駅の自動改札機やバスの料金箱のカード読み取り部（リーダー／ライター部）の中にも、コイルが組み込まれています。そして、リーダー／ライター部のコイルから磁場が発生しています。このコイルが作る磁場に、非接触型ＩＣカードが近づくと、ＩＣカードのコイルに磁場が入ってきて、電磁誘導が起きます。その結果、コイルと回路を構成しているＩＣチップに電気が供給され、ＩＣが作動します。さらに、ＩＣカードのコイルとリーダー／ライター部のコイルとの間で、データ信号のやり取りもされるのです。

皆さんはもう気がつかれましたね？

そう、この非接触型ＩＣカードの動作原理は、電磁調理器のトッププレート上で、非接触の状態で豆電球を点灯させたのと同じ、**電磁誘導**です。

さて、教科書に「非接触型ＩＣカードの中にコイルがある」と書いてあっても、実際に確かめないと気が済まないのが、物理学者。「非接触型ＩＣカードの中にコイルがあるのです！」と授業で話すのなら、自らそれを確認せねばならないのです。写真で見せる方がインパクトもありますから、早速、私は自分のＳＵＧＯＣＡカードを、鹿児島大学先端科学研究推進センター機器分析部門に持ち込み、分析を依頼。Ｘ線分析顕微鏡を利用して、カードの中を確認しま

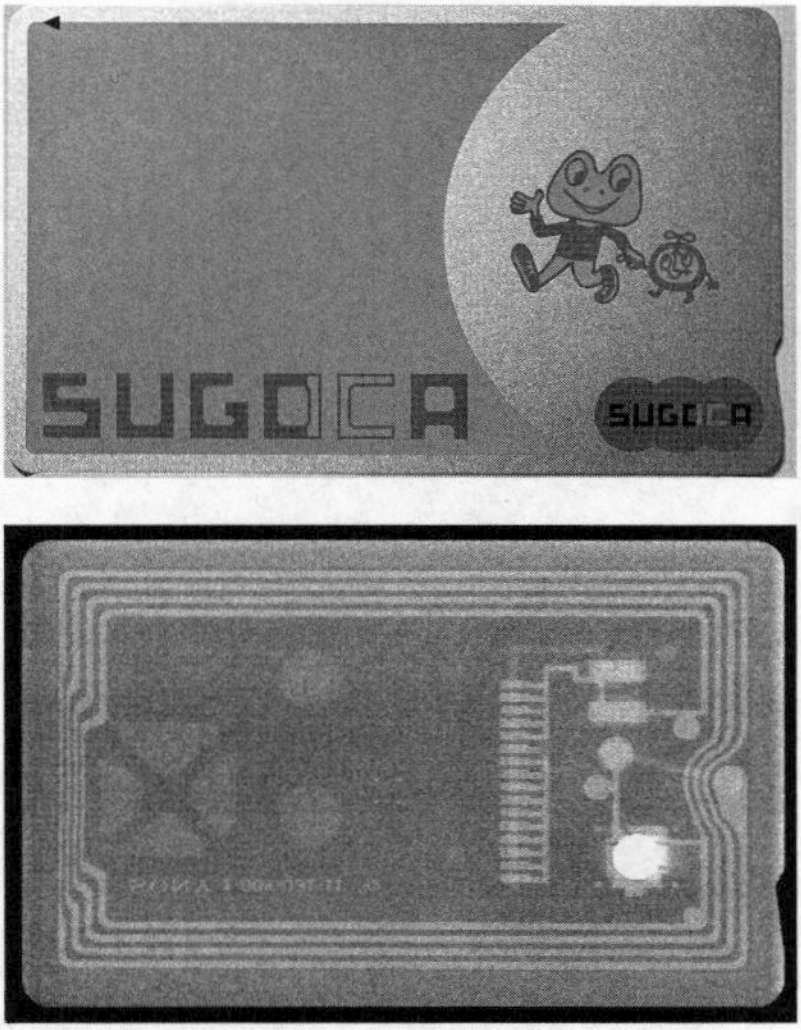

図表56　著者が利用しているICカードSUGOCA表面（上）と、そのX線分析顕微鏡写真（下）。カード内には素子があり、その周りに4巻のコイルが確認できる

した。すると、図表56下写真のように、カード内にいくつかＩＣ素子（部品）があり、その周りに4巻のコイルがあることが確認されました！　見ればコイルと素子がつながっています。教科書に書いてあることは本当でした。

私がよく行くゲーセンのクレーンゲーム機には、１００円硬貨の投入口のそばに、ＳＵＧＯＣＡやＳｕｉｃａなど、数種類の非接触型ＩＣカードが使える端末が取り付けられていました（私も１００円玉の手持ちがないときには、ＳＵＧＯＣＡを使ってゲームを楽しんでいる1人です）。

このように、クレーンゲームでもコイルを使ったファラデーの電磁誘導の法則が利用されていました。

・追記

Ｘ線分析顕微鏡で、Ｘ線を照射された私のＳＵＧＯＣＡは、その後もゲーセンでチャージとクレーンゲームで支払いができることを確認しました。デポジット５００円が無駄にならなくて、よかったです。

第8章　クレーンゲームの確率と規則性

プライズゲットの確率

現在、クレーンゲームの第3次マイブーム真っ最中の私ですが、ゲーセンに行っても、物理的に説明しづらい設定のゲーム機は、基本、パスしています。例えば「アーム最高！」と謳っているのに、上からプライズをフィールド上の小さい穴や隙間に落とすことで勝敗が決する設定のものや、一度ゴムボールにプライズを落とし、跳ねた後にフィールド上の穴に落とす、などのゲーム設定です。

これらはもう、どのように分析して良いのかわかりません。それも、プライズをゴムボールに落とす位置は、ゲーセン側の設定次第でどうにでも変えられます。「それって運じゃないの？」と言いたくなる設定なのです。めげずに物理の視点で対策を練ろうとしても、プライズの形や配置、アームのつかむ位置、プライズを落としたときの空気抵抗……。考慮すべきことが多すぎます。そもそも、数多くの１００円を投入したところで、本当にプライズゲットができるのか？

プライズゲットが保証されていたとしても、これってほとんど「１００円くじ引き」、当たる確率の低いくじ引きにしか見えないのです。……おっと、「確率」は物理でも学ぶではないか！　ということで、本章では確率とクレーンゲームについて考えてみましょう。

物体を落とし、どの位置に到着するかを調べるのは、物理で学ぶ誤差論の範囲です。簡単な

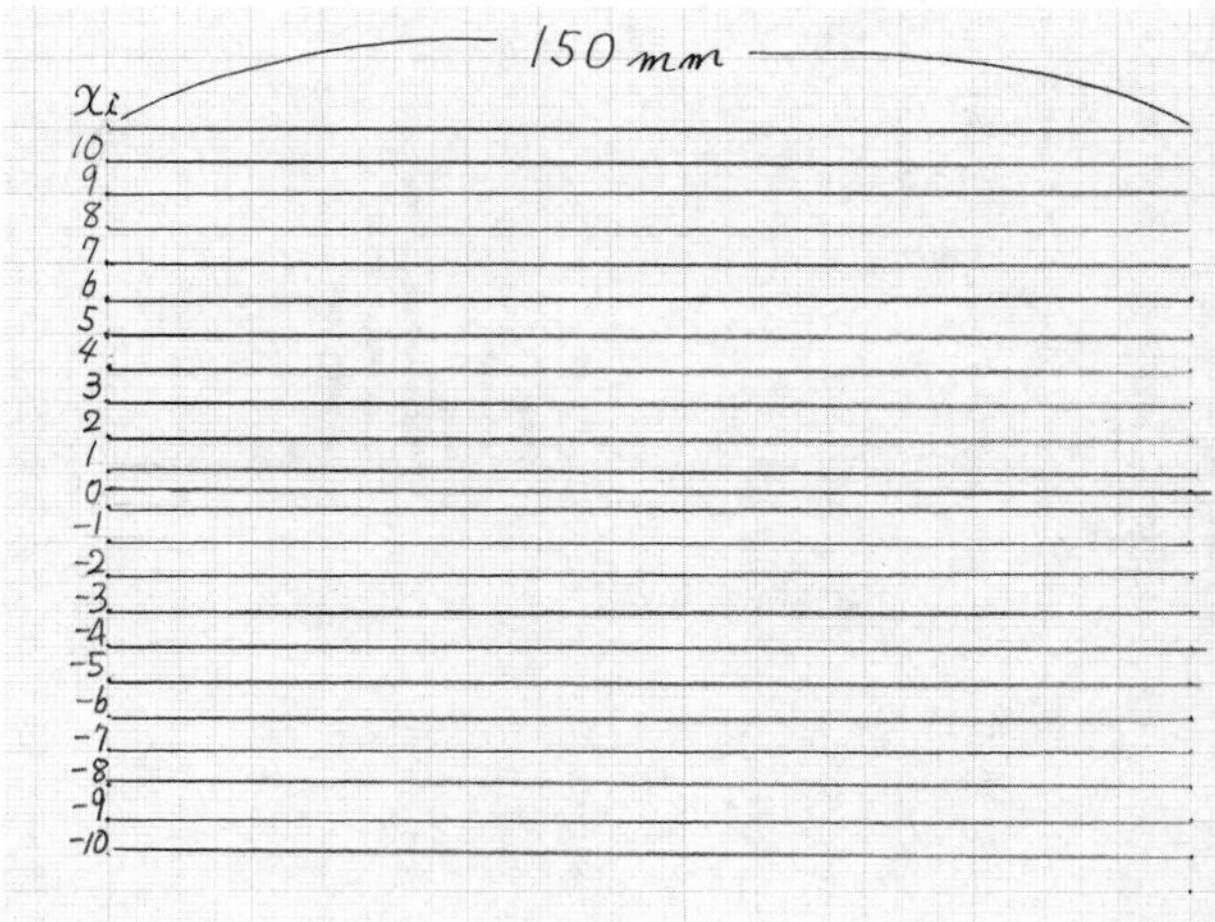

図表57　誤差法則の検証の的

モデルの実験で、調べてみましょう。私はかつて、鹿児島大学理学部の授業で、「コンピュータ計測実験」の1テーマ（表計算ソフトを用いた誤差法則の検証）を担当していました。そのとき作成した実験指導書を元にした、誤差法則や確率の実験を紹介します（私が愛媛大学学生の頃に行った実験でもあります）。

実験に必要な用具は、畳を縫うときなどに使われる太い畳針（長さ：１４５㎜、最大外径：３㎜、質量：５・２g）、方眼紙（グラフ用紙）、段ボールです。

図表57のように、方眼紙に１５０㎜の線を５㎜間隔で22本書き込み、21領域（区間）をつくり、的にします。その中央の区間の中心に、標的となる直線を書き入れま

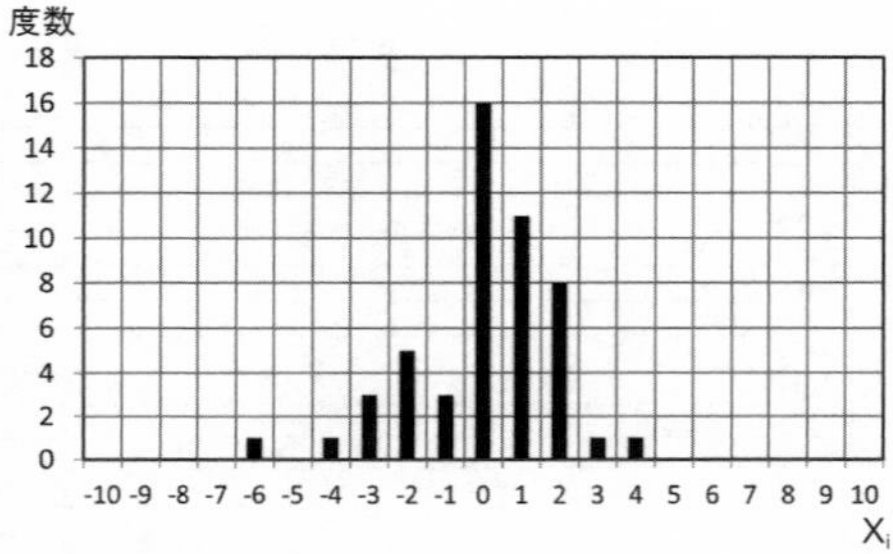

図表58　50回落下させた場合の度数分布

す。太線や赤線で目標になるようにしてください。

次に、中央をゼロ（0）として、中央の区間から離れるにしたがい、ある方向の区間をそれぞれ1、2、3、と、10まで書き入れてください。一方、反対方向の区間には、中央のゼロから−1、−2、−3……と書き入れましょう。そして、この方眼紙を、段ボールにセロハンテープで貼り付けて、床に置いてください。段ボールは、床に傷をつけないためです。これで実験準備は完了です。

方眼紙上中央（$X_i = 0$）の太線を狙って、畳針を方眼紙の上方約1mの高さから200回落とし、毎回、針の刺さる区間の数値を読み取ってください。これを測定値X_iとし、ゼロの中央の区間を除く他の区間が誤差X_iとします。このとき、方眼紙の一方側からだけでなく、反対側からも同じ回数だけ針を落としてみましょう。さあ、結果はどうなるでしょうか？

図表58に、畳針を50回落下させたときの結果を示します。横軸はX_iを、縦軸は度数（回数）にして棒グラフを作成しました。これは2011年の実験指導書作成のときに、私が実験した

結果です。風のない教授室で、同じ高さから、床の上の方眼紙の中央（$X_i=0$）をよく狙って、畳針を落下させました。それにもかかわらず、50回中たった16回しか、$X_i=0$の区間に入りませんでした。確率は16/50で、32％です。畳針の太さが約3㎜で、中央の的（$X_i=0$）の区間の幅が5㎜の条件で、この結果でした。

　的の広さを、$X_i=-1$から1まで3区間、15㎜まで広げた場合に、的に当たる確率は、30/50で、60％になりました。

　しっかりと的（$X_i=0$）を狙って、畳針を落下させたにもかかわらず、$X_i=-6$（中央から約30㎜の位置）に、2％（1/50）の確率で落下していました。

　読者の皆さん、この結果をどう見ますでしょうか？　32％の確率って、「$X_i=0$の的に結構、当たっているじゃん」と思いますか？　それとも、「ハズレが多いな」と思いますか？

　実際にこの実験を行った2011年当時は、この結果に対して、特に何も思っておりませんでした。「物理の確率の実験はこんなものか」と、思ったくらいです。しかし今回、12年ぶりにこの「当たりの確率32％」の結果を見た私は、思わず、左手の中指でメガネの真ん中を少し押し上げ、「面白い！　実に面白い！」と感激しながら、本書の原稿を書いています。

　その理由は、この確率です。32％という値は、巷で言われているクレーンゲームの商品原価率とほぼ同じなのです。つまり、当たりのプライズを100円として、1回100円で、UF

○メカから畳針を5㎜の的に狙って落とす設定にすれば、確率32%。ゲームとして成り立ちそうです。2回続けて当たる方もいれば、3回続けて外れる方もいる。ただ、32%の確率で当たります。

授業では、確率を学んだあと、誤差の法則（誤差の三公理）やガウス分布等を学び、度数分布表、度数分布のグラフ、平均値、標準偏差、平均値の平均二乗誤差、平均値の確率誤差、最小二乗法によるガウスの誤差関数等をコンピュータで計算し、求めます。これらの話も、面白いのですが、理学部物理の専門科目の話になりますので本書では省略します。

この原稿を書いているうちに、次の授業では、実際のプライズを落とすモデル実験を行って、落とし口に落ちる（プライズゲットする）確率を求めてみたくなりました。市販のプライズを落として落とし口に入る確率を求める。そして、ガウス分布の山の位置が落とし口に当たるのか、分布の山の裾野の広がるところが落とし口になっているのか、調べたくなります。

もしこの実験を実際にやってみた方がいらっしゃったら、結果をぜひ私に教えてください。

規則性と周期性

磁気物理学者の端くれである私が実験データを見るとき、ほぼ無意識にチェックしているものがあります。それは「実験データに何か規則性や周期性が隠れていないか？」、そして「規則性や周期性が、ある条件でズレないか？」ということです。規則性やそれから外れる条件を見つけると、そこから新しい発見が生まれます。このような経験を、今まで何度も味わってきました。

研究では、実験データや現象の観察から規則性や周期性、あるいはそれらからのズレを見出し、それを説明する仮説をたてて、検証します。普遍的に正しいと検証された仮説は、法則や理論と呼ばれるようになります。

この規則性や周期性を見つけやすくするためには、実験条件の選定と系統的変化が重要になります。実験条件とは、試料の組成、大きさ、質量、温度、圧力、磁場、時間などです。例えば、試料の組成、大きさ、質量、温度、圧力、時間を同じにして、磁場だけを系統的に変化させたとき、試料の物理的特性がどのように変わるかを、観察したり、数値的に計測したりして、データ化します。そのデータから物理現象の規則性や周期性を見つけていきます。

さらに、実験初期の段階では、同一実験者、同一装置などにも注意します。これは、実験者の技能やくせ、無意識な習慣、手法の影響をあとで検証できるようにするためです。同じ試料を扱うにも実験者の経験や技能によって、作業時間が異なれば、試料の酸化の影響も無視できなくなる場合があります。

同様に、装置が持つ特徴や誤差等についても、後で検討できるようにしておく必要があります。例えば、同じ型の装置であっても、導入時期が異なれば、経年劣化の影響の違いも考えられますし、維持管理の状況の違いも出てきます。最終的に、このような実験者や装置の影響も排除できるように考えています。そのためには、詳細に記録した実験ノートが最も重要な、研究のアイテムになるのです。

私たちは**科学の普遍性、真理を追究するので、誰が実験しても同じことを主張できる結果が重要**になります。

私が、実験条件の選定と系統的変化に慣れてきたのは、小学校中学校の理科の実験で、現象の変化をグラフに描いた頃から、だったと思います。中学校２年の夏休みの間に行った自由研究「太陽の黒点の観測」（１９８１年）と、中学校３年のときに約８カ月間も行った自由研究「木星の衛星の観測」（１９８２年）で、私は「規則性や周期性から現象を考察する」感覚を身につけられました。

特に、今の研究のベースになっているのが、１９８２年に行った「木星の衛星の観測」です。当時の研究では、木星の周りに４つのガリレオ衛星（木星に近い方から、イオ、エウロパ、ガニメデ、カリスト）を観察しました。地球から天体望遠鏡で観測すると、これらの衛星は木星と直線上に配列していて、時間経過とともに、配置が変わっていきます。１日、２日程度では、４つの衛星の位置が変わることしかわかりません。どの衛星を観測しているのかもわかりません（天文ファンの愛読書である『天文年鑑』には、ガリレオ衛星の種類や位置などの詳細が記載されていました）。

ところが、４つの衛星の位置を１カ月以上観測してくると、周期性が予測できるようになります。これらについても天文年鑑には記載されており、その記述と自分の観測結果が一致していることに、とても感激したことを覚えています。**図表59**のように、縦軸に日時（時間）、横軸に木星からの距離をとると、振幅と周期の異なる波が現れてくるのです。**図表59**は、１９８

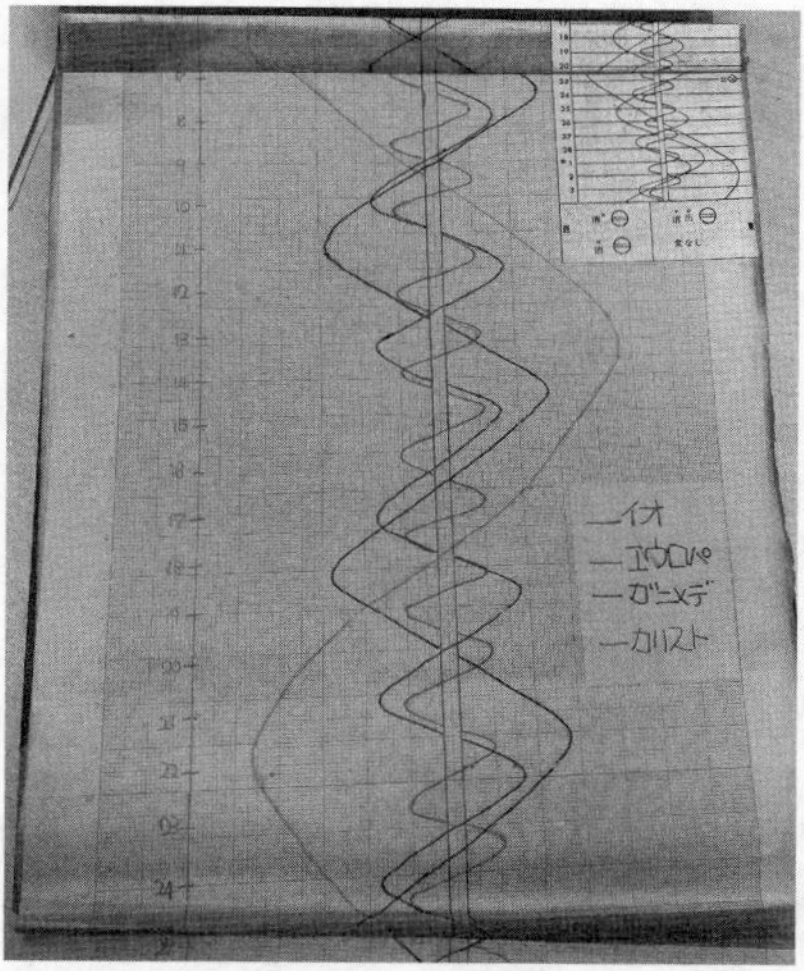

図表59　著者が1982年（中学校3年のとき）に行った自由研究「木星の衛星の観測」の観測データ。縦軸を日時、横軸を木星からの距離として、4つの波が現れる。振幅の小さい方から、イオ、エウロパ、ガニメデ、カリストである

2年に行った自由研究「木星の衛星の観測」の結果の一部です。これらの4つの衛星の波の周期性から、衛星の円運動の物理について考察しました。「角運動量保存則」とか「面積速度一定の法則」とか呼ばれている現象です。この観測は、「実験データに何か規則性や周期性が隠れていないか？」と考える、良い題材でした。

クレーンゲームの規則性、周期性を観察する

さて、「何か規則性や周期性が隠れていないか？」や、「規則性や周期性がある条件でズレないか？」ということの確認が職業的習慣になっている私は、日常生活でも、規則性や周期性を探していて、見つかったときはものすごく嬉しくなります。研究での発見と同じくらいのガッツポーズです。例えば、幾つもの交差点のある長い車道で、各交差点に設置されている信号機の色が変わる順序やパターンがわかったときなどです。そして、それは、ゲーセンに入っても同じなのです。

自ら100円を投入してクレーンゲームをプレイしているときは、物理を使ったプライズゲットに集中しているので、規則性や周期性を見出す心の余裕は全くありません（なんとなく感じるときはありますが）。一方、他人のプレイの様子を見ているときは、ゲーム機の動きに「何か規則性や周期性が隠れていないか？」や、「規則性や周期性がある条件でズレないか？」、さらに

「ゲーム機のくせはないか」、と探してしまいます。これが私には楽しく、休日などにゲーセン散策に行く理由の一つです。

2023年のある休日、家で本書の原稿を書いているときに妻が、「食料品購入のためショッピングセンターに行くけど、どうする?」と、聞いてきました。帰りは荷物も重いはずです。私は、二つ返事で、「ついて行くよ」と答え、そそくさと車に乗り込みました。

そのショッピングセンターにはゲーセンが併設されているのです! 店に到着した私は、食料品を買う前に妻を誘い、まずゲーセンに入りました。とりあえず妻とは別行動で、ゲーセン内の広いクレーンゲームコーナーを各自で散策します。私はフィギュアコーナーを、妻は別コーナーです。私のフィギュアコーナー散策は、置き方の設定の確認とプライズゲットのイメージトレーニングが目的です。

10分ほど経って、妻が意味ありげに笑みを浮かべながら私のところに来て、衝撃の言葉を発しました。

「○○のゲーム機って、●●回に1回取れているようだけど?」

ここでは、これを「妻の仮説」と呼びましょう。

私は、「マジか!」と思わずつぶやきました。常日頃から学生に「何か規則性や周期性が隠れていないか?」と言っている自分なのに、目の前の規則性に気づかないなんて!?

急いで、そのゲーム機の近くに行き、早速、妻と観察を開始しました。

他の人がプレイしているのを見て、「妻の仮説」を確認しました。でもこれだけでは不十分です。やはり自分自身でもプレイして確認する必要があります。そして、自分でもプレイして、確認しました。……これは、「妻の仮説」を認めざるを得ない、と。

妻は私に言いました、「ほれ!」。

私は答えました、「そうだな」。

なぜか敗北感を覚える私が、クレーンゲーム機の前にいました。

さらに妻は言いました、「私も一応、理系だから」。妻は理学療法士なのです。

物理学者の端くれの私は、ちょっとひきつった笑みで応えるだけ。妻に完敗した瞬間でした。

その後も、妻とともにそのゲーム機を観察。ゲーム機のくせも見出されました。ゲーム機の設定が変わらない間はこの「妻の仮説」が残るのです。研究と同じプロセスがゲーセンのクレーンゲームで行われ、妻の観察を元にする仮説から始まったのは、研究者としてただただ、悔しい経験です。

この悔しさをばねに、私のクレーンゲームの研究は続きます。

クレーンゲームの温故知新

前述しましたが、私が2006年頃に作っていた研究ノートには、当時のゲーセンで配られていた、プライズゲットの技についてのチラシがスクラップされています（すみません、切り貼りなので、出典不明です）。ここまでの章で、「ホールフック」と「ナイアガラ落とし」については説明しました。

改めてこのスクラップを読み返してみると、現在のクレーンゲーム攻略にも通じる考え方だな、と思う記述がいくつかあります。

そこで本項では、クレーンゲームの温故知新として、当時の資料からその技と難易度（星が多いほど難、最大星5つ）を、私の所感を交えつついくつか紹介したいと思います。

ただし当時は、2本アーム全盛期。大型のぬいぐるみプライズも2本のアームで獲得を狙っていた時代で、今とは状況が異なっていることにご注意ください。2024年の現在、大型のぬいぐるみプライズは、UFOキャッチャートリプルなど、3本アームでのゲーム設定がメインとなっています。とはいえ、物理的考え方は変わらないと思います。現在のクレーンゲームの楽しみ方のヒントになりそうです。

（1）ひっかけ技：技名「すきまフック」（難易度──★★★）

これは、「フィールド上に置かれたぬいぐるみに付属している小物などとの隙間に、アームを滑り込ませて、がっちりと大きな摩擦力で落とし口まで運ぶ技」と記載されていました（図表60）。現在でも、たまに、ぬいぐるみとベルトなどの小物の間にアームやシャベルが挟まったまま、空中を移動する光景を見かけます。最近のプライズやゲーム設定で、私は、「すきまフック」でプライズゲットの経験はありません。残念。

（2）ひっかけ技：技名「ひも掛け」（難易度――★★★）

ぬいぐるみプライズの中には、プラスチック製のひもで商品タグが付けられている物がありまます。プライズとタグはそのひもで、輪っかを作るように結ばれていることがあります。「ひも掛け」は、その輪っかにアームやシャベルを入れ込むことです。

私も2023年に、運良く、「ひも掛け」になったことがありました。このときは、落とし口の上まで、体長約60㎝のぬいぐるみプライズを運んでくれました。金属シャベルとプラスチックの取り付け隙間あたりに、ひもがかかっているようでした（図表61）。その後、店員さんを呼んで、無事にプライズゲットしました。

（3）ずらし技：技名「引き落とし」（難易度――★★★）

プライズを徐々に落とし口に向かって移動させ、最後に落とし込む技です。チラシには、

図表60　「すきまフック」イメージ。図表内「ポイント」の箇所にアームを入れる。手元のチラシを参考に著者作図（以下同）

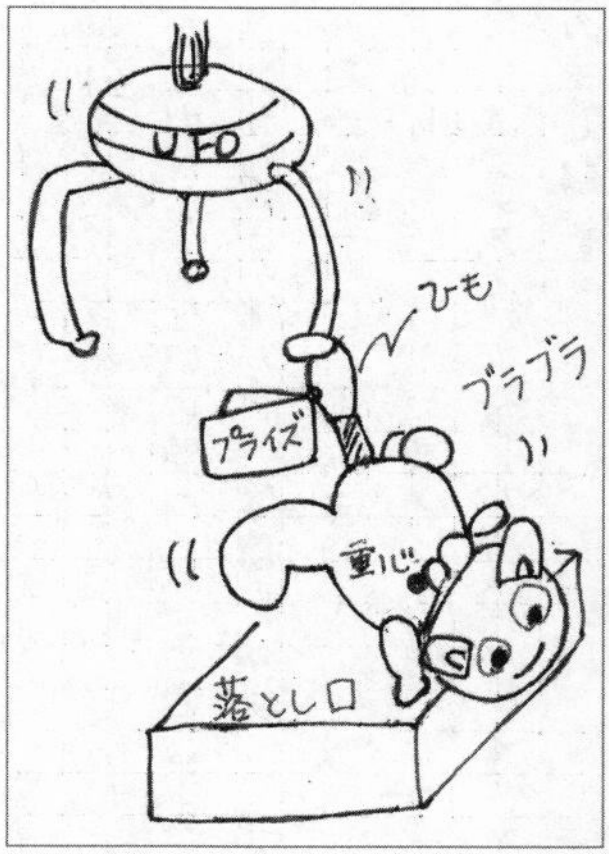

図表61　「ひも掛け」イメージ。この技で著者は、実際に大物プライズをゲットしたことがある

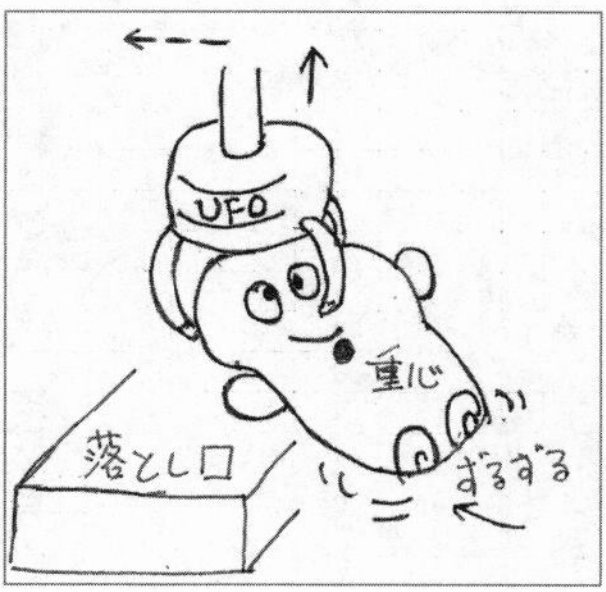

図表62　「引き落とし」イメージ。数回に分けて引きずり落とす。この技でも著者は大物プライズをゲットした経験あり

「アームの一部を引っ掛けて、数回に分けて少しずつ、落とし口に近づけましょう。根気良く近づけていけば、最後には自然に落ちてくれます！」と書かれています。

これは、２０２４年現在でも十分利用できる技だと思います。ただしチラシの解説文にある、「最後には自然に落ちてくれます」は、経験したことがありません。私の経験のほとんどは、落とし口の周りにパーティションがあって、自然に落ちるのを阻止しています。

この技の第１のポイントは、プライズの大きさです。この技は、プライズを引きずることに意味があります。引きずって、プライズの「重心」を少しずつ落とし口に近づけられるかどうか、です（**図表62**）。第２のポイントは、ＵＦＯメカからプライズが離れ、落ちるタイミングです。効率的にプライズを引きずって移動させるには、ＵＦＯメカがx軸とy軸方向に移動している間（つまりプライズを引きずっている間）も、その３本アームでプライズを捕まえていなければなりません。メカがx軸とy軸方向に移動する前に、プライズがアームから落ちてしまっては、プライズはなかなか落とし口に進みません。

それでも、メカの特性と物理を使えば、プライズの重心をうまく、落とし口に近づけることができます。２０２３年に私は、この技で全長76㎝のプライズを落とし口まで引っ張り、最後は落とし口に引きずり込みました。

（4）おとし技：技名「プッシュゲット」（難易度―★★★）

手元のチラシによると、「落とし口に引っ掛かっているプライズを、アームの下に降りる力を利用して、押し込む技」と記述されています。2024年現在でも、私はこの技を結構使います。特に小さいプライズのときに有効です。例えば別の章で紹介した「ナイアガラ落とし」（難易度―★★）の後、落とし口で引っ掛かっているプライズに対して有効です。2006年頃と違い、今は大きめのぬいぐるみプライズの場合、落とし口の周りにはパーティションが設置されている場合が多いです。私は、パーティションの上にプライズが載っかっているときに、この技の利用を検討します。

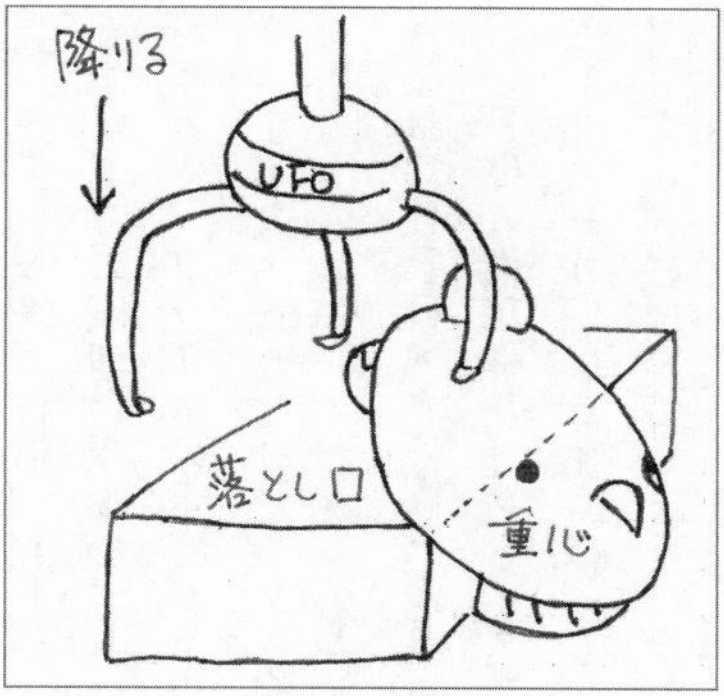

図表63　「プッシュゲット」イメージ。プライズの重心がフィールド内にあることに注意

プライズが落ちていないということは、プライズの重心が、まだフィールド内にあることを意味しています（図表63）。そのため、「UFOメカがフィールド近くまで十分降りたときに、プライズの重心が落とし口の上まで移動できること」が、この技を試す条件だと思っております。

プライズの重心位置と、支点となるパーティション上のプライズ位置、UFOメカの位置に、アームで力を与えるプライズ上の位置を考慮します。てこの原理の登場です！

うまく、プライズの重心が支点を越えて落とし口側に移ると、プライズは落とし口に落ちて、ゲットとなるはずです（ぬいぐるみに付属している小物やしっぽ、タグなどが、パーティションに引っ掛かったら、もう運が悪いとあきらめています）。

なお、UFOメカの位置の考慮を忘れると、面白い現象が起こることもあります。

UFOメカが降りてプライズを落とし口に押し込んだものの、プライズの重心がUFOメカの上部に載り、プライズは落とし口には落ちず、逆にUFOメカ上昇とともにプライズが元のフィールドに戻ってしまう……。実際に、経験があります（お恥ずかしい）。

(5)おとし技：技名「ちゃぶ台返し」(難易度―★★★★★)

この技は、成功するとスカッと気持ち良いプライズゲットが味わえます！　そして今現在のクレーンゲームの設定でも通用する大技の一つです。

2006年のチラシによると、「ぬいぐるみの落とし口に遠い方の部分をアームで持ち上げ、そのまま押して、ちゃぶ台をひっくり返すようにして、落とし口に入れ込む」技だと解説されています。

２０２４年の今でも私は、大型のぬいぐるみプライズの設定によっては、この技を検討します。技のポイントは、プライズの落とし口に遠い部分をアームで持ち上げて、プライズの重心を、支点より落とし口側に傾ける（回す）ことです（**図表64**）。

よって、プライズの重心位置を予想して、支点の位置を確認し、３本アームのうち、どのアームを使ってプライズのどの位置を持ち上げるのかを検討することが重要になります。

私はこの技で、体長約60㎝の大型プライズを、多数、落とし口に落とし込んできました。

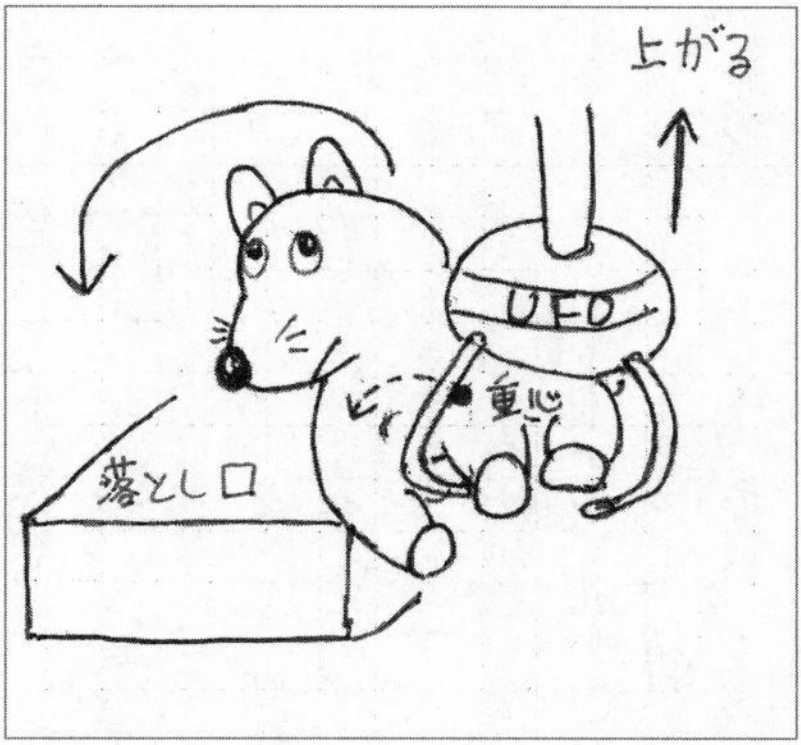

図表64　「ちゃぶ台返し」イメージ。決まると爽快！

クレーンゲームの技も様々あり、まさに「温故知新」。物理の基本は変わりませんので、組み合わせ次第で、今でも通用します。

昔の技を復習し、今のゲーム機やゲーム設定に合わせて、どのように使っていくかを考えると、面白いですよね。

2本の金属棒による「橋渡し」

第3次マイブームの今、私は鹿児島市内の主なゲーセン数店舗を訪ね歩き、プライズやゲーム設定等を調査し、必要に応じてプレイをしました（フィギュアゲットだけが目的ではないのです！）。

そのほとんどのゲーセンで、直径約1㎝の2本の金属棒（突っ張り棒）の上に、箱型プライズなどが載っている設定を見かけました。多くの場合、その金属棒の一部分には、ゴムホースのようなものが巻かれています。

巷では、この2本の金属棒を用いた設定を、「橋渡し」と呼んでいるようです。橋渡しは、2本アームのUFOメカで用いられています。**図表65**は、100円ショップで買ってきた、突っ張り棒とワイヤーネット、結束バンドで作った、橋渡しの設定です。ホースは、鹿児島大学近くのホームセンターで買ってきた耐油燃料チューブです。その上に、2023年2月にゲットしたフィギュアの箱型プライズを載せています。

私、この設定の「棒を覆っているホース」に、本当に苦労しています。プレイするたびに、何度も**図表66**のような、落ちそうで落ちない状態になるのです。左角が支点になっていて、プライズの重心（写真のプライズでは、箱表面にある人物画像の中央付近にシールを貼って示しています）は、支点より右側にあるのだから、右回りに落ちてもいいのに……。

ここから延々、100円玉だけが、ゲーム機に吸い込まれていくことも多々あります。

ゲーセンでプレイしていて図表66の状態を見ると、ホースの静止摩擦係数はすごいのだろうな、と思ってしまいます。どう力を与えたら、このプライズは滑って落ちるのだろうか？　きっと、この設定を仕掛けたメーカーやゲーセンはわかっているのだろうな……。そう思いながらも、自分で調べたくなるのが実験物理学者。次の実験をやってみました。題して「橋渡し設定における箱型プライズに作用する摩擦力の確認実験」です！（長い）

図表65　橋渡しの設定を再現したもの。主な材料は100円ショップとホームセンターで購入した

図表66　落ちそうで落ちないプライズ

橋渡し設定における箱型プライズに作用する摩擦力の確認実験

実験で用いるものを、図表67に示します。突っ張り棒2本、ワイヤーネット1つ、結束バンド（突っ張り棒をワイヤーネットに縛り付けるため）、ビニールホース（透明）、耐油燃料チューブ（赤）、シリコンチューブ（白色）、ラバーシート、分度器、そして箱型プライズなどです。今回はホースの種類による違いを見るために、3種類を購入しました。

実験方法は次のとおりです。図表68のように、2本の突っ張り棒をワイヤーネットの上に結束バンドで、平行に取り付けます。3組6本のホース類はハサミで長手方向に切り込みを入れて、全長にわたって割いて、突っ張り棒の周りにはめ込みました。ラバーシート（黒色）をテーブルに敷き、その上にワイヤーネットの一端（図表68では左端）を置きます。そして、ホース類が巻かれた2本の突っ張り棒の上にプライズを載せます。次に、ワイヤーネットの他端（図表68では右端）を手で持って、プライズと一緒に傾けていきます。傾きがわかるように後ろに角度を書いた紙を貼りました。

ワイヤーネットを傾けてプライズが滑り出す角度で、摩擦力の大きさを比較する実験です。角度が大きいほど、静止摩擦係数が大きいとみます。今回の試料（プライズ）は、18×12×9㎝の大きさで、重さは257gです。なお、図表68中の箱型プライズのパッケージ中央に貼ったシールは重心のある位置（図中の☆印が指す位置）、プライズ下方向の左右に貼った白いシールは、突っ張り棒に置く位置の目印です。

実験は、ホースが無い場合と、ホースの種類（3種）ごとに、1つの条件で3回行いました。

さてプライズは何度で滑り出すのでしょうか？

まずはホースが無い場合です。結果は図表69のように、角度約10度の傾きで、プライズが滑り始めました。

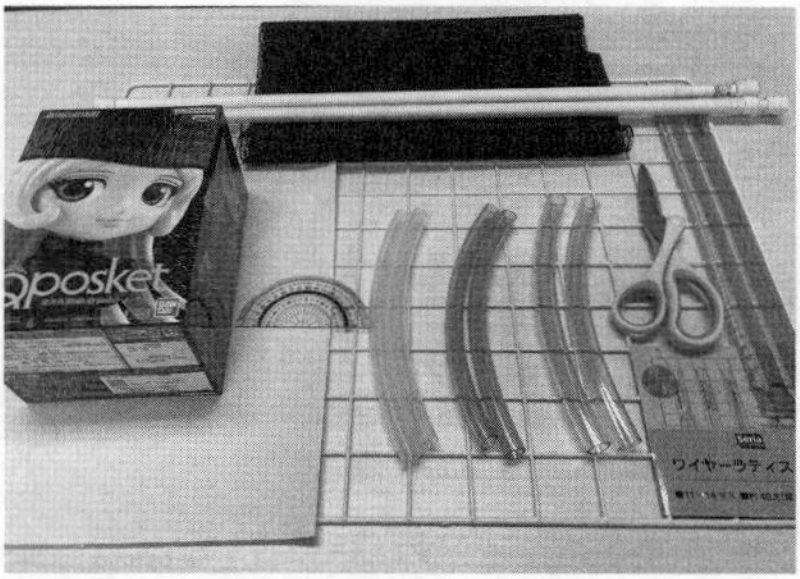

図表67　「橋渡し設定における箱型プライズに作用する摩擦力の確認実験」の実験道具

図表68　実験の設定。傾きがわかるように、背面に角度を書いた紙を貼っている

一方、2本の突っ張り棒にホース（耐油燃料チューブ）をつけたときは、図表70のように、約60度の傾きでも滑ることはありませんでした。図表70内の直線で示したように、約60度の傾きを越えてプライズの重心（図中の☆印が指す位置）が支点よりも左側に来たとき、プライズは、滑らずに転倒しました。この転倒の条件は、第5章で説明したとおりです。

この後、ビニールホース、シリコンチューブを使用して実験を行いましたが、耐油燃料チューブのときと同様に、プライズは滑ることなく、角度約60度を越えたときに転倒しました。

ここで私は、チューブを1つにするとどうなるのか調べてみたくなりました。プライズを支えている、下側のチューブ（図表68内の左側）を外し、上側の突っ張り棒（図表68内の右側）だけに、ホースやチューブを付けて実験をしてみたのです。すると、シリコンチューブと耐油燃料チューブの場合は、傾き40～45度で滑り始めたのに対し、ビニールホースでは、約50度で滑り始めました。これらのことから、ビニールホースの方が、他の2種類よりも最大静止摩擦力が大きいことがわかりました。さらにこれらを反対にし、下側の突っ張り棒（図表68内の左側）だけにホースやチューブを付けて実験をしてみると、すべて、角度約60度でプライズは転倒しました。

ここまでの実験では、「ビニールホースが最も静止摩擦係数が大きい」とわかりましたが、橋渡しのゲーム設定では、プライズを落とさない機能に大差がないとも推察されました。

それにしたって、こんなに摩擦力の強いホースとチューブじゃ、プライズは落ちないに決まってるじゃないか！　なかなか手強い、「やるな、ゲーセン……」という感じです。しかし感心したままでは、考察が進みません。

続いて私は**図表71**のように、突っ張り棒の代わりに「ＵＦＯドリームキャッチャー」の２本のアームを使って、同様の実験をしました。その結果が**図表72**です。実験は３回行いましたが、

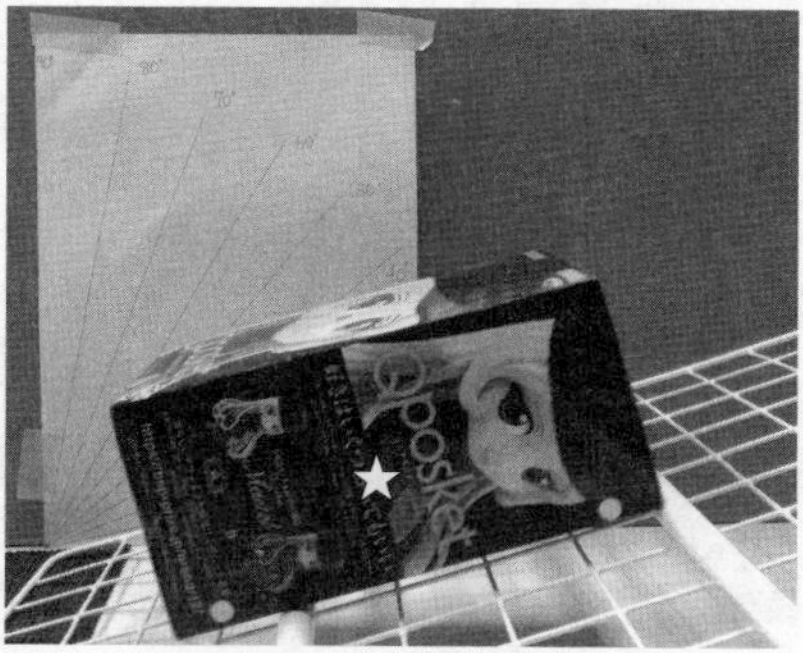

図表69　突っ張り棒だけの場合。約10度の傾きで滑り始めた

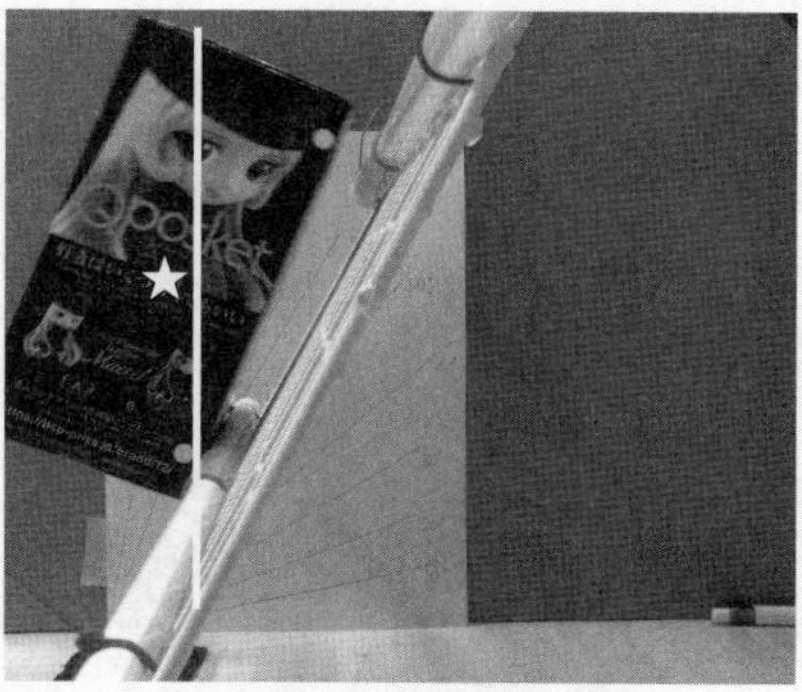

図表70　プライズ転倒の瞬間

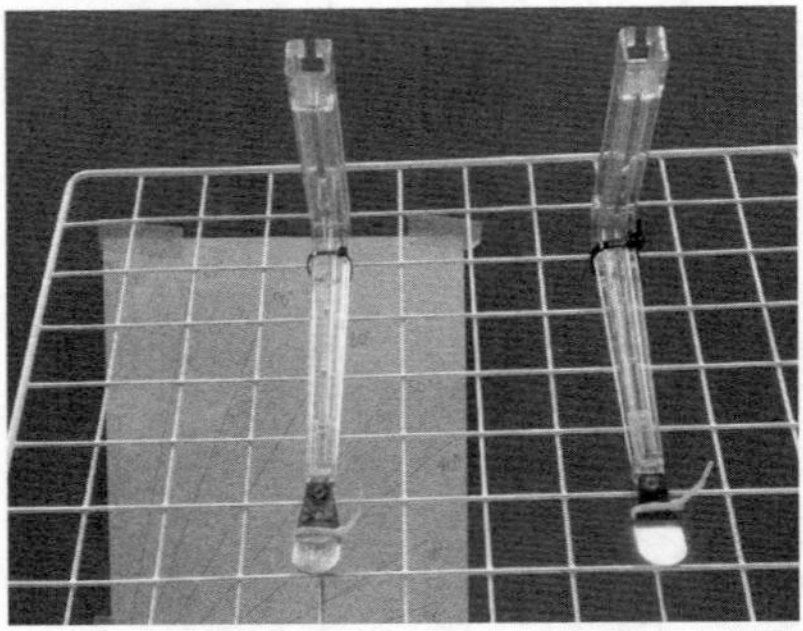

図表71　UFOドリームキャッチャーのアームを用いた実験の設定

図表72　UFOドリームキャッチャーのアームを用いた実験。角度約10度で滑り始める

3回とも角度約10度で滑り始めました。

この結果から、次のように考えられます。2本アームのクレーンゲームで、アームと突っ張り棒はほぼ平行に置かれていることが多いのですが、左右のアームをプライズの下へ入れる際の入れ方によっては、プライズはアーム上を滑ることができるのです。

下降したＵＦＯメカは、アームが閉じた後に必ず上昇します。アームは「く」の字型に傾いていますから、メカの上昇時に力の分解よろしく「く」をうまく使って、プライズをホースやチューブから浮かせれば、プライズを左右に移動させられる可能性があります（アームの閉じる強さに依存しますが）。

さらにプライズの重心を外せば、プライズは回転もします。プライズの、（重力による）ホース面を押す力を弱めれば、プライズに作用する摩擦力は低下します。条件によっては、突き回しも使えるかもしれません。おまけに、プラスチックのアームと金属シャベルとの凸凹も、プライズを引っ掛けて持ち上げるのに、役立つかもしれません。

ゲーム機によっては、２本の金属棒がアームの力でわずかに歪む場合があります。その結果、金属棒からプライズへの垂直抗力が減少し、その分、摩擦力も減少する可能性があります。

結局、今も昔も、プライズゲットは力学を使いつつ、ゲットさせまいとする摩擦力との攻防戦と言えそうです。

「それって、アリ?」もまた楽しい

最近、３本アームのクレーンゲームをプレイしたり、他人のプレイを観察していて、気づくことがあります。それは失敗の種類についてです。

特に「おい！　ここで放すか！」と、言いたくなるような失敗のパターンが、ゲーム機や設定によって少なく見ても2種類あるような気がしています。仮に「放し方A」と「放し方B」としましょう。

「放し方A」は、3本アームでプライズを抱え、そのまま上昇したにもかかわらず、ゲーム機の天井付近でプライズを「パッ」と放す（私の印象です）パターンです。これをやられたときは、「マジか!? おい！ ここで放すか！」と、顔をピクピクひきつらせるだけです。まあ、これもクレーンゲームの楽しみの一つかもしれませんが……。

「放し方B」は、3本アームでプライズを抱えたにもかかわらず、UFOメカの上昇中にアームが「じわじわ」と広がっていき、最後にプライズを放すパターンです。これをやられたときは、「あ、やめてくれ〜！」と、心のなかで叫んでしまいます。目の前でアームがゆっくりと開いてプライズがフィールドに落ちる姿は、スローモーションのようにも見えます。これもまた、クレーンゲームの楽しみの一つかもしれません。

本書をここまで読んだ読者の皆さんは、もうお気づきかもしれませんが、今ご紹介した2種のプライズの落ち方は、物理学の視点から見たときに「それって、アリ？」と言いたくなるものです。本書で学んできた力のつり合いや、力の分解・合成を考えても、「その放し方は、ありえるの？」と。

昔のUFOメカ（例えば、**図表4**のUFOキャッチャー21）のように、ばねの力だけで、一度プライズを抱え上げたのなら、プライズに作用する重力で「く」の字型アームを押し開こうとする力よりも、アームが閉じようとする力の方が大きいと思うのです。物理的要因なく、途中でプライズが落ちることはないと思っています（ただし、UFOメカがz軸方向に上昇し終えて、x軸y軸方向にクッと動き出したときに、プライズがアームから外れて落ちる場合はあります。これは仕方ない。ニュートンの慣性の法則の影響ですから）。

磁力でアームを閉じるコイルメカも同様に感じています。

UFOメカがフィールドから離れる（上昇する）に従い、急激な加速もしていないようなのに、これらの力の大小関係が、どうやって「自然」に崩れるのか？　私にはよくわかりません。

でも、いいのです。これらもクレーンゲームであり、「ゲーセンからの挑戦状」だと思えば。こういった事態に陥った際、私は「3本アームは途中でプライズを放すこともあるからね」と割り切るようにしています。もし、がっちり抱えてくれたら「当たり」。ラッキーって感じで、気が楽です。

それに、その方が別の楽しみ方も見出せそうなのです。

例えば、「UFOメカのアームがプライズをしっかりと抱えてから放す」までの時間で、物理を使った別の作戦を組んでみる、という楽しみ方です。あるいは、そのクレーンゲーム機の規則性などを見出す楽しみ方もあるかもしれません。

今も昔も、ゲーム機の設定が多少変わったところで、アームやシャベル、UFOメカを上手に使って、プライズ（の重心）を落とし口に近づける作業を行うことに変わりはありません。いったいどんなやり方が有効なのか？　プレイする前に物理を使って作戦を練ってみたり、仲間や家族と物理の視点で議論してみたり……。

「それって、アリ?」と思う設定もまた、楽しいものです。

おわりに

私のクレーンゲーム研究の記録とそれに関係するトピックスを最後まで読んでいただき、ありがとうございます。

クレーンゲームは半ばライフワークのように続けてきた研究（趣味）の対象であり、30年以上、物理の知識を動員しているのに攻略には至らない、難しいゲームです。「はじめに」でも書きましたが、物理学は難しい数式や理論を駆使するだけの学問ではありません。私は、実際の生活に使えなければいけないと考えています。これを言い換えると、世界には「生活のいたるところに物理がある」のですね。本書はクレーンゲームを題材に物理学の解説を試みたものですが、それ以外の身近な物理の話も、できる限りご紹介したつもりです。

私はこれまでの大学の授業で、クレーンゲームを使った意識づけトークの他、物理の応用例や実用化例を紹介したり、物理を使ったイノベーションの例を紹介したり、これらが実用化に至った簡単な歴史的流れを紹介したりしてきました。いずれも学生たちに、物理学の楽しさを知ってもらい、「物理は使うものである！」と理解してもらうのが狙いでした。

文系の学生さんは、物理に対して苦手意識を持っていることも少なくありません。ですが私たちは、子どもの頃の遊びや生活のあちこちで、すでに物理を使っています。手のひらの上にほうきや棒を立てて、バランスを取る遊びをした方も多いでしょう。これは重心の不安定さを利用した遊びです。やじろべえを人差し指の先に載せて、ゆらゆら揺らしたことのある方も多いはず。これは重心と復元力の遊びです。

物理って、子どもの頃から私たちの体の中に入っているものなのですね。

私自身は、子どもの頃から観察・観測や実験が大好きでした。本書でも書きましたが、天体観測をして記録をつけて、規則性を発見したときの喜びは大変なものでした。当時の夢は理科の先生か博士か科学者！　でも高校のときに、大学受験の物理で挫折をしました。受験科目としての物理がつまらなくて仕方がなかったんです。「なんでこんなに暗記しないといけないの？」と。

その後進学し、博士課程に進み、物理を教える立場になった今、学生の皆さん（特に1年生など）には、できるだけ身近な物理の話を交えるようにしています。根底には「受験の物理、暗記する物理がすべてじゃない」、「実験する物理、使える物理って楽しいでしょう?」という思いがあります。

本書を通して読者の皆さんにも、物理の面白さを伝えられたら嬉しいです。さらに、一層の物理学への興味・関心を持っていただけたならば、これ以上の喜びはありません。

最後に謝辞を。

私のクレーンゲーム研究(趣味)を理解しゲーセンに付き合って、さらに応援してくれた、妻・貴子と子どもたち(佳子、奈子、和子、佳大)、家族に感謝します。

妻は、クレーンゲームの確率を私より先に見つけ出したり、動画撮影OKのゲーセンで私のプレイ動画をとったり、最近ではアームを入れるポイントの提案までしてくれます。佳子は本書内の図表の制作を手伝ってくれました。奈子はLINEでプライズゲットの励ましを、和子はPPフックにシャベルを入れるサポートをしてくれました。佳大は、遊びに連れて行かずに、ゲーセンに向かう私に「いってらっしゃい」と言って、励ましてくれました。

また、原稿執筆にあたり多くの励ましのお言葉、アドバイスをいただいた集英社インターナショナルの藤あすか様にも心より御礼申し上げます。

実は、最初に本書の執筆依頼を受けたとき「オレ、騙されているのでは?」と、一抹の不安がよぎりました。本書が無事に出版されたとき、この不安は解消されるでしょう。

でも、まだ夢かと思っています。まさか物理学者の私が「クレーンゲーム」の「エッセイ」を書くなんて。今、本書を書き終えても、私の第3次マイブームはもう少し続きそうです。

２０２４年３月１日　　小山佳一

本書で紹介した実験の一部を、インターネットにて動画で公開しています。ご興味のある方は、本ページ末のＱＲコードよりアクセスしてください。

なお動画は予告なく削除、変更されることがあります。あらかじめご了承ください。

参考文献

◆スーパー大辞林（macOS Monterey）
◆川村清　著、『裳華房テキストシリーズ-物理学　力学』裳華房、1998年
◆岡村定矩　他、『新編　新しい科学1』東京書籍、2019年
◆岡村定矩　他、『新しい科学1年』東京書籍、2012年
◆國友正和　他、『物理』数研出版、2013年
◆笠利彦弥、藤城武彦、『教養としての物理学入門』講談社、2018年
◆UFO CATCHER 7 取扱説明書（株式会社セガ）
◆教学社編集部、『センター試験過去問研究　物理』教学社、2017年
◆毛利衛　他、『新編　新しい理科6年』東京書籍、2019年
◆毛利衛　他、『新編　新しい理科5年』東京書籍、2019年
◆岡村定矩　他、『新編　新しい科学3』東京書籍、2019年
◆原康夫、『第5版　物理学基礎』学術図書出版社、2016年
◆國友正和　他、『物理基礎』数研出版、2013年
◆岡村定矩　他、『新編　新しい科学2』東京書籍、2019年
◆沖花彰、「物理教育」第60巻　第2号、2012年、p.105-109
◆高木堅志郎　他、『物理』啓林館、2015年
◆三浦登　他、『物理』東京書籍、2016年
◆久保亮五、『ゴム弾性［初版復刻版］』裳華房、1996年
◆引張コイルばね：https://www.monotaro.com/note/readingseries/kikaikiso/0305/
◆ねじりコイルばね：https://www.monotaro.com/note/readingseries/kikaikiso/0306/
◆カプリチオサイクロン説明：https://ja.wikipedia.org/wiki/カプリチオシリーズ
◆UFOドリームキャッチャー稼働時期：https://www.sega.jp/history/arcade/product/18171/
◆トリプルキャッチャー説明：https://ja.wikipedia.org/wiki/トリプルキャッチャー

図版協力　Peko

小山佳一（こやま けいいち）

鹿児島大学理学部教授。１９６７年沖縄県生まれ。愛媛大学理学部物理学科卒業、愛媛大学大学院理学研究科、広島大学大学院生物圏科学研究科修了、博士（学術）。東京大学物性研究所中核的研究機関研究員、東北大学金属材料研究所准教授を経て、２０１０年より現職。専門は強磁場物質科学。２０１７年日本磁気科学会優秀学術賞受賞。クレーンゲーム歴は30年以上で、近年では専門の研究活動の他に、高校生向けにクレーンゲームを題材にした物理学の模擬授業や、他大学でクレーンゲームと物理学の特別講演を行うなど、精力的に活動している。

クレーンゲームで学（まな）ぶ物理学（ぶつりがく）

インターナショナル新書一三九

二〇二四年四月一〇日　第一刷発行

著　者　小山佳一（こやまけいいち）

発行者　岩瀬　朗

発行所　株式会社 集英社インターナショナル

〒一〇一-〇〇六四 東京都千代田区神田猿楽町一-五-一八

電話 〇三-五二一一-二六三〇

発売所　株式会社 集英社

〒一〇一-八〇五〇 東京都千代田区一ツ橋二-五-一〇

電話 〇三-三二三〇-六〇八〇(読者係)

〇三-三二三〇-六三九三(販売部)書店専用

装　幀　アルビレオ

印刷所　大日本印刷株式会社

製本所　加藤製本株式会社

ISBN978-4-7976-8139-0　C0242

インターナショナル新書

067
物理学者のすごい思考法
橋本幸士

超ひも理論、素粒子論という物理学の最先端を研究する学者は、日常生活でも独特の視点でものを考える。通勤の最適ルート、ギョーザの適切な作り方、エスカレーターの乗り方……。物理学の本質に迫るエッセイ集。

137
我々の死者と未来の他者
戦後日本人が失ったもの
大澤真幸

なぜ、日本人は気候変動問題に対する関心が低いのか。そのヒントは村上春樹らの小説や『鬼滅の刃』などの漫画作品にあった。〈我々の死者〉〈未来の他者〉をキーワードに、過去・未来と現在との「分断」の正体を暴く。

138
デジタル時代の恐竜学
河部壮一郎

近年、デジタルの活用で新種・新発見が相次ぐ恐竜研究。そのトップランナーの研究の日々と成果を紹介。岩石に埋まった化石を透視？　ティラノサウルスは実は繊細？　ペンギンモドキが「モドキ」じゃない？など。

140
味なニッポン戦後史
澁川祐子

だしから味の素まで、「うま味」をめぐる騒動とは？　糖質オフと甘いトマトとの関係は？　食糧難、高度成長、バブル崩壊、格差の拡大――。世相とともに揺れる日本人の味覚をたどれば、新たな戦後史が見えてくる。